Apontamentos sobre Mecânica do Contínuo e Teorias Constitutivas

José Jorge Nader

Edição do autor, São Paulo, 2024

Dados Internacionais de Catalogação na Publicação (CIP)
(Câmara Brasileira do Livro, SP, Brasil)

Nader, José Jorge
Apontamentos sobre mecânica do contínuo e teorias constitutivas [livro eletrônico] / José Jorge Nader. -- São Paulo : Ed. do Autor, 2024.
PDF

ISBN 978-65-00-99854-2

1. Física - Estudo e ensino 2. Mecânica I. Título.

24-202990 CDD-531

Índices para catálogo sistemático:

1. Mecânica : Física 531

Eliane de Freitas Leite - Bibliotecária - CRB 8/8415

Apresentação

Escrevi este pequeno livro para o segundo dos dois cursos semestrais, consecutivos, que dou, na Escola Politécnica, sobre Mecânica do Contínuo.

No primeiro curso, acompanhando o *Estudo Conciso de Mecânica Contínuo* (edição de 2020), estudamos os temas Cinemática, Dinâmica e Equações Constitutivas (investigação sucinta dos fluidos perfeitos e viscosos e dos sólidos elásticos).

No segundo curso, que segue os capítulos destes apontamentos, continuamos o estudo das equações constitutivas para sólidos. O texto é composto por vinte e sete capítulos curtos e quatro apêndices, e, de acordo com os temas, pode ser dividido em duas partes.

A primeira parte, formada pelos capítulos de 1 a 19, é dedicada às bases da Elasticidade Não-Linear (aprofunda a discussão que se iniciou no primeiro curso). Começa tratando de pontos fundamentais, pertencentes ao domínio da Cinemática e da Dinâmica: movimento, deformação (transformação de comprimentos, áreas e volumes, decomposição polar), mudança de observador e suas conseqüências para os campos cinemáticos e dinâmicos, tensões de Piola-Kirchhoff. E termina com um exame da equação geral dos sólidos elásticos não-lineares.

A segunda parte (capítulos 20 a 27) apresenta modelos clássicos, simples, da teoria da Plasticidade e da Viscoelasticidade (teorias constitutivas de que não se fala no primeiro curso).

José Jorge Nader
(Livre-docente da Escola Politécnica da USP)
São Paulo, 2024

Conteúdo

Capítulo 1

Nota Preliminar

Antes de começarmos o estudo teórico de Mecânica do Contínuo (próximo capítulo), devemos já supor que duas medidas tenham sido tomadas:

(A) Foi adotado um sistema de unidades.

Com isso, as grandezas físicas poderão ser representadas, na teoria matemática, apenas por números ou por conjuntos de números, desacompanhados da unidade associada.

(B) Ainda fora da teoria (no mundo físico, portanto), foi especificado um *observador* (ou *referencial*).

Isto significa, em primeiro lugar, que foi escolhido um sólido indeformável ao qual se fixou um sistema cartesiano de coordenadas: um ponto (a origem) e três eixos espaciais perpendiculares entre si, dois a dois, construídos com a unidade adotada. Pode-se, portanto, representar cada posição do espaço pelas suas três coordenadas cartesianas (uma terna ordenada de números) - na teoria diremos que esta terna **é** a posição, segundo este obervador -, e cada vetor pelas suas três coordenadas na base ortonormal do sistema cartesiano (na teoria, uma matriz 3×1) - na teoria diremos que esta matriz **é** o vetor, segundo este obervador.

Significa também que foi escolhida uma origem para a medida do tempo e, considerada a unidade adotada e o sentido natural de passagem do tempo, foi construído um eixo temporal, ficando assim possível representar cada instante por um número - na teoria diremos que este número **é** o instante.

O observador não aparecerá na teoria; aparecerão somente grandezas e funções relativas a ele. A certa altura trataremos da mudança de observador.

No decorrer do curso, encontraremos, entre outros, os seguintes conjuntos matemáticos:

$\mathbf{R^3}$: o conjunto das matrizes 3×1, espaço vetorial euclidiano, com o produto escalar usual. Aos seus elementos chamaremos vetores. Velocidade, força etc. são elementos deste conjunto.

$\mathbb{R}^3$: o conjunto das ternas ordenadas, espaço afim euclidiano associado ao $\mathbf{R^3}$. Os pontos do espaço são elementos deste conjunto.

A diferença de dois pontos do $\mathbb{R}^3$ é um vetor do $\mathbf{R^3}$ (a diferença das coordenadas correspondentes dos pontos produz a coordenada correspondente do vetor).

A soma de um ponto do $\mathbb{R}^3$ com um vetor do $\mathbf{R^3}$ é um ponto do $\mathbb{R}^3$ (a soma das coordenadas correspondentes do ponto e do vetor produz a coordenada correspondente do ponto resultante).

$\mathbb{M}^3$: o conjunto das matrizes 3×3.

$\mathbb{M}^3_+$: o conjunto das matrizes 3×3, com determinante positivo.

$\mathbb{O}^3$: o conjunto das matrizes 3×3, ortogonais.

$\mathbb{O}^3_+$: o conjunto das matrizes 3×3, ortogonais, com determinante igual a 1, as matrizes rotação.

$\mathbb{S}^3$: o conjunto das matrizes 3×3, simétricas.

$\mathcal{L}(\mathbf{R^3})$: o conjunto dos operadores lineares do $\mathbf{R^3}$ (também chamados *tensores*, em Mecânica do Contínuo).

Capítulo 2

Movimento. Deformação

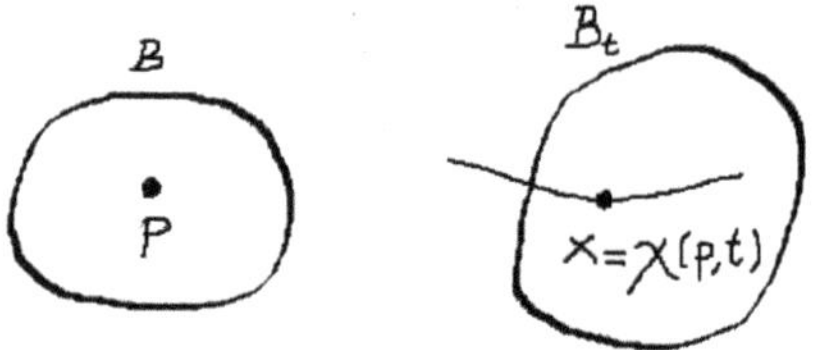

O movimento de um corpo (relativamente a um observador) é descrito pela *função movimento* (de classe $\mathcal{C}^3$):

$$\chi : \mathcal{B} \times \mathcal{I} \to \mathbb{R}^3, \; (\mathbf{p}, t) \mapsto \mathbf{x} = \chi(\mathbf{p}, t).$$

$\mathcal{B}$, a configuração de referência, é uma região fechada e limitada do $\mathbb{R}^3$. $\mathcal{I} \subset \mathbb{R}$ é o intervalo de tempo em que ocorre o movimento. A partícula do corpo que, em $\mathcal{B}$, corresponde à posição $\mathbf{p} = (p_1, p_2, p_3)$, encontra-se, no instante t, na posição $\mathbf{x} = (x_1, x_2, x_3)$.

A configuração de referência pode ou não ser ocupada pelo corpo em algum instante de $\mathcal{I}$; serve, em qualquer caso, para identificar o corpo e as suas partículas. Se, em algum instante $t_0 \in \mathcal{I}$, o corpo ocupar a região $\mathcal{B}$, será, evidentemente, $\chi(\mathbf{p}, t_0) = \mathbf{p}$, qualquer que seja $\mathbf{p} \in \mathcal{B}$.

Para cada $t \in \mathcal{I}$, a região $\mathcal{B}_t := \{\chi(\mathbf{p}, t)/\mathbf{p} \in \mathcal{B}\}$ é chamada *configuração deformada* no instante t.

Consideremos agora a derivada de χ:

$$D\chi = \begin{bmatrix} D_1\chi_1 & D_2\chi_1 & D_3\chi_1 & D_4\chi_1 \\ D_1\chi_2 & D_2\chi_2 & D_3\chi_2 & D_4\chi_2 \\ D_1\chi_3 & D_2\chi_3 & D_3\chi_3 & D_4\chi_3 \end{bmatrix} = \begin{bmatrix} D_{123}\chi & D_4\chi \end{bmatrix},$$

que dividimos, pelo significado físico, em dois blocos. A matriz 3×3 constituída das três primeiras colunas, $D_{123}\chi$ (isto é, a derivada parcial de χ em relação ao conjunto das três primeiras variáveis, a posição), define a função tradicionalmente denominada *gradiente da deformação*:

$$\mathbf{F} : \mathcal{B} \times \mathcal{I} \to \mathbb{M}^3_+, \ \mathbf{F} := D_{123}\chi,$$

no qual se baseia todo o estudo das deformações. Supomos que $\det \mathbf{F} > 0$, hipótese cujas conseqüências aparecerão nos próximos capítulos. A matriz 3×1 definida pela quarta coluna, $D_4\chi$ (derivada parcial de χ em relação à quarta variável, o tempo), é a velocidade material (ou lagrangiana), cujos valores são elementos do $\mathbf{R^3}$. Se em t_0 o corpo ocupar a região $\mathcal{B}$, então será, claramente, $\mathbf{F}(\mathbf{p}, t_0) = \boldsymbol{I}$, para todo $\mathbf{p} \in \mathcal{B}$, sendo $\boldsymbol{I}$ a matriz identidade 3×3.

Escolhido um instante qualquer $t \in \mathcal{I}$, definimos, associada a este instante, a *função deformação*:

$$\varphi : \mathcal{B} \to \varphi(\mathcal{B}), \ \varphi(\mathbf{p}) := \chi(\mathbf{p}, t),$$

em que $\varphi(\mathcal{B}) = \mathcal{B}_t$. Supomos que φ, que já sabemos ser diferenciável, seja bijetora, com inversa diferenciável. φ é, portanto, a função parcial que se obtém de χ, fixando-se certo instante t; existe uma função deformação para cada instante do intervalo $\mathcal{I}$.

A derivada de φ é a matriz 3×3 cujo coeficiente, na linha i e na coluna j, é:

$$D_j\varphi_i(\mathbf{p}) = D_j\chi_i(\mathbf{p}, t),$$

para i e j valendo 1, 2 ou 3, ou seja:

$$D\varphi(\mathbf{p}) = \mathbf{F}(\mathbf{p}, t).$$

Capítulo 3

Transformação de comprimentos

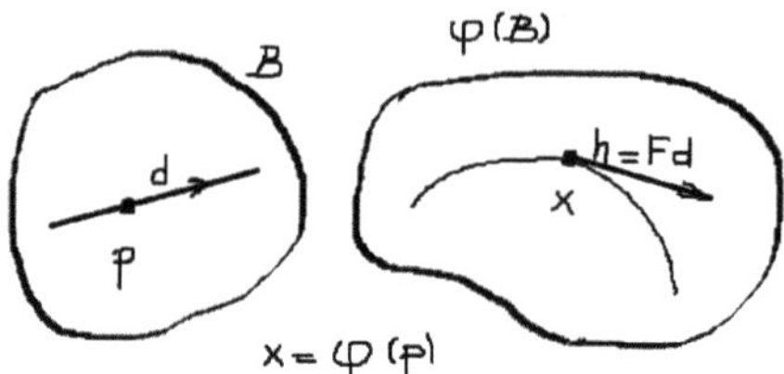

Tomemos um ponto $\mathbf{p}$ do interior de $\mathcal{B}$ e um segmento de reta contido em $\mathcal{B}$, passando por $\mathbf{p}$, com vetor diretor $\mathbf{d}$, definido por

$$\mathbf{r} : [-\delta, \delta] \to \mathcal{B},\ \mathbf{r}(s) := \mathbf{p} + s\mathbf{d}.$$

O vetor tangente a este segmento, no ponto $\mathbf{r}(s)$, é $D\mathbf{r}(s) = \mathbf{d}$. Este segmento, por ação da deformação φ, transforma-se na curva:

$$\varphi \circ \mathbf{r} : [-\delta, \delta] \to \varphi(\mathcal{B}).$$

O vetor tangente a esta curva, no ponto $\varphi(\mathbf{r}(s))$, é $D(\varphi \circ \mathbf{r})(s)$. Interessa-nos, em especial, o vetor tangente à curva em $\mathbf{x} = \varphi(\mathbf{p})$ (isto é, para $s = 0$):

$$\mathbf{h} := D(\varphi \circ \mathbf{r})(0).$$

Com a atenção fixa no instante t e no ponto $\mathbf{p}$, introduzimos, para abreviar as equações, $\boldsymbol{F} := \mathbf{F}(\mathbf{p}, t) = D\varphi(\mathbf{p})$.

Teorema: $\mathbf{h} = \boldsymbol{F}\mathbf{d}$.

Demonstração: aplicando a regra da cadeia ao cálculo de $D(\boldsymbol{\varphi}\circ\mathbf{r})(s)$, resulta

$$D(\boldsymbol{\varphi}\circ\mathbf{r})(s) = D\boldsymbol{\varphi}(\mathbf{r}(s))D\mathbf{r}(s) = D\boldsymbol{\varphi}(\mathbf{r}(s))\mathbf{d}.$$

Para $s = 0$:

$$\mathbf{h} = D(\boldsymbol{\varphi}\circ\mathbf{r})(0) = D\boldsymbol{\varphi}(\mathbf{p})\mathbf{d} = \boldsymbol{F}\mathbf{d}. \quad \square$$

Sejam $d := \|\mathbf{d}\|$, $h := \|\mathbf{h}\|$ e $\mathbf{i} = \mathbf{d}/d$ (versor, isto é, vetor unitário, na direção e no sentido de $\mathbf{d}$). O quociente

$$\lambda_L = \tfrac{h}{d} = \|\boldsymbol{F}\mathbf{i}\|$$

é denominado *expansão linear*, se superior ou igual a 1, ou *contração linear*, se inferior a 1, no ponto $\mathbf{p}$, na direção de $\mathbf{d}$. É mais conhecido pelo nome de *estiramento*. Notemos que λ_L, sendo igual a $\|\boldsymbol{F}\mathbf{i}\|$, depende apenas da direção de $\mathbf{d}$, mas não da sua norma ou do seu sentido.

Também é importante o conceito de *deformação linear*, no ponto $\mathbf{p}$, na direção de $\mathbf{d}$:

$$\varepsilon_L = \tfrac{h-d}{d} = \lambda_L - 1.$$

Capítulo 4

Transformação de volumes

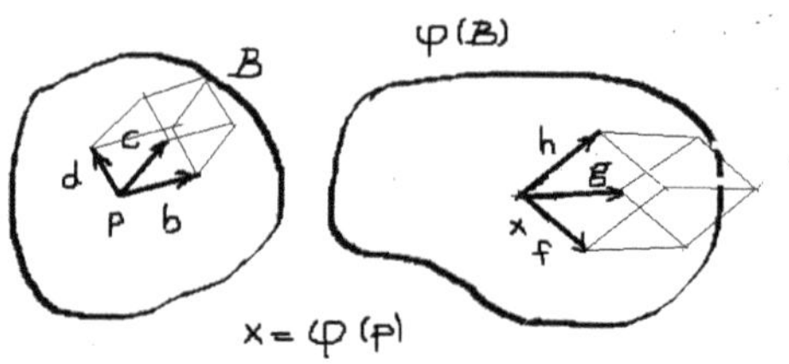

Continuando o capítulo anterior, consideremos três segmentos de reta, passando por um ponto $\mathbf{p}$ do interior de $\mathcal{B}$, com vetores diretores $\mathbf{b}$, $\mathbf{c}$ e $\mathbf{d}$, linearmente independentes, sendo positivo o produto misto:

$$\mu := (\mathbf{b} \wedge \mathbf{c}) \cdot \mathbf{d} = \det \begin{bmatrix} \mathbf{b} & \mathbf{c} & \mathbf{d} \end{bmatrix}.$$

Este é o volume do paralelepípedo determinado por $\mathbf{b}$, $\mathbf{c}$ e $\mathbf{d}$. Na equação acima, $\begin{bmatrix} \mathbf{b} & \mathbf{c} & \mathbf{d} \end{bmatrix}$ é a matriz 3×3 cujas colunas são os vetores $\mathbf{b}$, $\mathbf{c}$ e $\mathbf{d}$.

Na configuração $\varphi(\mathcal{B})$ estas retas se transformam em curvas que se cruzam no ponto $\mathbf{x} = \varphi(\mathbf{p})$. Em $\mathbf{x}$ os vetores tangentes são

$$\mathbf{f} = \boldsymbol{F}\mathbf{b},$$

$$\mathbf{g} = \boldsymbol{F}\mathbf{c},$$

$$\mathbf{h} = \boldsymbol{F}\mathbf{d}$$

(linearmente independentes, pois $\det \boldsymbol{F} > 0$). O seu produto misto é

$$\nu := (\mathbf{f} \wedge \mathbf{g}) \cdot \mathbf{h} = \det \begin{bmatrix} \mathbf{f} & \mathbf{g} & \mathbf{h} \end{bmatrix}.$$

Teorema: $\nu = \mu \det \boldsymbol{F}$.

Demonstração: sendo

$$\begin{bmatrix} \mathbf{f} & \mathbf{g} & \mathbf{h} \end{bmatrix} = \begin{bmatrix} \boldsymbol{F}\mathbf{b} & \boldsymbol{F}\mathbf{c} & \boldsymbol{F}\mathbf{d} \end{bmatrix} = \boldsymbol{F}\begin{bmatrix} \mathbf{b} & \mathbf{c} & \mathbf{d} \end{bmatrix},$$

concluímos, pela regra do determinante do produto:

$$\det\begin{bmatrix} \mathbf{f} & \mathbf{g} & \mathbf{h} \end{bmatrix} = \det \boldsymbol{F} \det\begin{bmatrix} \mathbf{b} & \mathbf{c} & \mathbf{d} \end{bmatrix}.$$

Logo:

$$\nu = \mu \det \boldsymbol{F}. \quad \square$$

Como $\det\boldsymbol{F}$ é positivo, também ν é positivo; ν é, portanto, o volume do paralelepípedo determinado por $\mathbf{f}$, $\mathbf{g}$ e $\mathbf{h}$.

O quociente

$$\lambda_V = \tfrac{\nu}{\mu} = \det \boldsymbol{F}$$

se denomina *expansão volumétrica*, se superior ou igual a 1, ou *contração volumétrica*, se inferior a 1, no ponto $\mathbf{p}$. Sendo λ_V igual a $\det \boldsymbol{F}$, está claro que o seu valor não depende dos vetores tangentes $\mathbf{b}$, $\mathbf{c}$ e $\mathbf{d}$ usados na construção acima.

A *deformação volumétrica*, no ponto $\mathbf{p}$, é definida por

$$\varepsilon_V = \tfrac{\nu - \mu}{\mu} = \lambda_V - 1.$$

Capítulo 5

Transformação de áreas

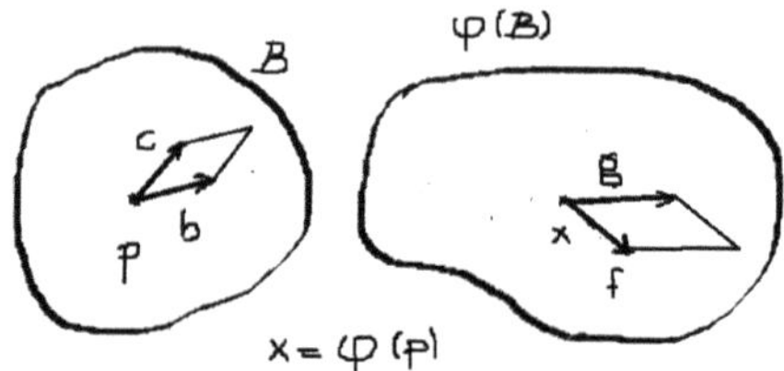

Continuando os capítulos anteriores, consideremos a área vetorial do paralelogramo determinado por $\mathbf{b}$ e $\mathbf{c}$:

$$\boldsymbol{\alpha} := \mathbf{b} \wedge \mathbf{c},$$

e a área vetorial do paralelogramo determinado por $\mathbf{f}$ e $\mathbf{g}$ (com $\mathbf{f} = \boldsymbol{F}\mathbf{b}$ e $\mathbf{g} = \boldsymbol{F}\mathbf{c}$):

$$\boldsymbol{\beta} := \mathbf{f} \wedge \mathbf{g}.$$

Teorema: $\boldsymbol{\beta} = (\mathrm{cof}\boldsymbol{F})\boldsymbol{\alpha}$.

Demonstração: do capítulo anterior conhecemos a equação:

$$(\mathbf{f} \wedge \mathbf{g}) \cdot \boldsymbol{F}\mathbf{e} = (\det \boldsymbol{F})(\mathbf{b} \wedge \mathbf{c}) \cdot \mathbf{e},$$

em que, no lugar de $\mathbf{d}$, pusemos agora um vetor qualquer $\mathbf{e}$. Conseqüentemente, no lugar de $\mathbf{h} = \boldsymbol{F}\mathbf{d}$ aparece agora $\boldsymbol{F}\mathbf{e}$.

Mas $\boldsymbol{\alpha} = \mathbf{b} \wedge \mathbf{c}$ e $\boldsymbol{\beta} = \mathbf{f} \wedge \mathbf{g}$. Então:

$$\boldsymbol{\beta} \cdot \boldsymbol{F}\mathbf{e} = (\det \boldsymbol{F})\boldsymbol{\alpha} \cdot \mathbf{e}$$

ou

$$(\boldsymbol{F}^{\boldsymbol{T}}\boldsymbol{\beta})\cdot\mathbf{e}=(\det\boldsymbol{F})\boldsymbol{\alpha}\cdot\mathbf{e}.$$

Como esta igualdade é válida para qualquer vetor $\mathbf{e}$, concluímos:

$$\boldsymbol{F}^{\boldsymbol{T}}\boldsymbol{\beta}=(\det\boldsymbol{F})\boldsymbol{\alpha}.$$

Finalmente, multiplicando à esquerda por $\boldsymbol{F}^{-\boldsymbol{T}}$, e lembrando que $\mathrm{cof}\boldsymbol{F}=(\det\boldsymbol{F})\boldsymbol{F}^{-\boldsymbol{T}}$ (sendo $\boldsymbol{F}^{-\boldsymbol{T}}=(\boldsymbol{F}^{-1})^{\mathrm{T}}=(\boldsymbol{F}^{\boldsymbol{T}})^{-1}$), obtemos

$$\boldsymbol{\beta}=(\mathrm{cof}\boldsymbol{F})\boldsymbol{\alpha}. \qquad \square$$

Seja α a área do paralelogramo definido por $\mathbf{b}$ e $\mathbf{c}$, e β a área do paralelogramo definido por $\mathbf{f}$ e $\mathbf{g}$. O versores

$$\mathbf{m}=\tfrac{\boldsymbol{\alpha}}{\alpha},$$
$$\mathbf{n}=\tfrac{\boldsymbol{\beta}}{\beta},$$

são ortogonais aos respectivos paralelogramos. Voltando à equação $\boldsymbol{\beta}=(\mathrm{cof}\boldsymbol{F})\boldsymbol{\alpha}$:

$$\beta\mathbf{n}=\alpha(\mathrm{cof}\boldsymbol{F})\mathbf{m}.$$

Tomando agora normas de ambos os lados, chegamos a

$$\beta=\alpha\,\|(\mathrm{cof}\boldsymbol{F})\mathbf{m}\|.$$

O quociente

$$\lambda_S=\tfrac{\beta}{\alpha}=\|(\mathrm{cof}\boldsymbol{F})\mathbf{m}\|$$

é denominado *expansão superficial*, se superior ou igual a 1, ou *contração superficial*, se inferior a 1, no ponto $\mathbf{p}$, no plano ortogonal a $\mathbf{m}$. Como λ_S é igual a $\|(\mathrm{cof}\boldsymbol{F})\mathbf{m}\|$, o seu valor depende apenas da direção do versor $\mathbf{m}$ (isto é, depende somente do plano ortogonal a $\mathbf{m}$, o plano determinado por $\mathbf{b}$ e $\mathbf{c}$).

A *deformação superficial*, no ponto $\mathbf{p}$, no plano ortogonal a $\mathbf{m}$, é definida por

$$\varepsilon_S=\tfrac{\beta-\alpha}{\alpha}=\lambda_S-1.$$

Capítulo 6

Matrizes e tensores de deformação

Voltemos à discussão do capítulo 3.

Introduzimos agora três matrizes de deformação: a matriz de Cauchy-Green esquerda ($\boldsymbol{B}$), a matriz de Cauchy-Green direita ($\boldsymbol{C}$) e a matriz de Green-Lagrange-Saint Venant ($\widetilde{\boldsymbol{E}}$), todas as três simétricas:

$$\boldsymbol{B} := \boldsymbol{F}\boldsymbol{F}^T,$$
$$\boldsymbol{C} := \boldsymbol{F}^T\boldsymbol{F},$$
$$\widetilde{\boldsymbol{E}} := \tfrac{1}{2}(\boldsymbol{C} - \boldsymbol{I}).$$

Vejamos qual é o seu papel no cálculo das normas de $\mathbf{d}$ e $\mathbf{h}$, normas estas designadas a seguir por d e h, respectivamente.

Conhecendo-se $\mathbf{d}$ e $\boldsymbol{C}$, obtém-se h com

$$h^2 = \mathbf{h} \cdot \mathbf{h} = \boldsymbol{F}\mathbf{d} \cdot \boldsymbol{F}\mathbf{d} = \mathbf{d} \cdot \boldsymbol{F}^T\boldsymbol{F}\mathbf{d} = \mathbf{d} \cdot \boldsymbol{C}\mathbf{d}.$$

Conhecendo-se $\mathbf{h}$ e $\boldsymbol{B}$, obtém-se d com

$$d^2 = \mathbf{d} \cdot \mathbf{d} = \boldsymbol{F}^{-1}\mathbf{h} \cdot \boldsymbol{F}^{-1}\mathbf{h} = \mathbf{h} \cdot (\boldsymbol{F}^{-1})^{\mathrm{T}}\boldsymbol{F}^{-1}\mathbf{h} = \mathbf{h} \cdot \boldsymbol{B}^{-1}\,\mathbf{h}.$$

Na última igualdade da expressão acima levamos em conta que $(\boldsymbol{F}^{-1})^{\mathrm{T}} = (\boldsymbol{F}^T)^{-1}$.

Finalmente, conhecendo-se $\mathbf{d}$ e $\widetilde{\boldsymbol{E}}$, pode-se calcular diretamente a diferença entre o quadrado das normas:

$$h^2 - d^2 = 2\mathbf{d} \cdot \tilde{\boldsymbol{E}}\mathbf{d}.$$

Na configuração de referência (supondo-se que seja ocupada em certo instante), em todos os pontos do corpo, vale $\boldsymbol{F} = \boldsymbol{B} = \boldsymbol{C} = \boldsymbol{I}$ e $\tilde{\boldsymbol{E}} = \mathbf{0}$. Durante um movimento rígido, em qualquer instante, qualquer que seja o ponto do corpo,

$\boldsymbol{F}$ é uma matriz rotação ($\boldsymbol{F}^T = \boldsymbol{F}^{-1}$), pelo que, neste caso, $\boldsymbol{B}$, $\boldsymbol{C}$ e $\tilde{\boldsymbol{E}}$ permanecem com o mesmo valor que têm na configuração de referência ($h = d$, portanto). Assim, se em dado movimento, em certo instante, em certo ponto $\mathbf{p}$, forem $\boldsymbol{B} \neq \boldsymbol{I}$, $\boldsymbol{C} \neq \boldsymbol{I}$ e $\tilde{\boldsymbol{E}} \neq \mathbf{0}$, isto será indício da ocorrência do que se pode denominar «deformação propriamente dita na vizinhança de $\mathbf{p}$» ($h \neq d$).

Definimos, por último, quatro tensores de deformação (elementos de $\mathcal{L}(\mathbf{R^3})$): F, B, C e $\tilde{E}$. São os tensores cujas matrizes, na base canônica do $\mathbf{R^3}$, são, respectivamente, $\boldsymbol{F}$, $\boldsymbol{B}$, $\boldsymbol{C}$ e $\tilde{\boldsymbol{E}}$. Esses tensores recebem nome igual ao das matrizes correspondentes.

Capítulo 7

Deslocamento. Matriz linear de deformações

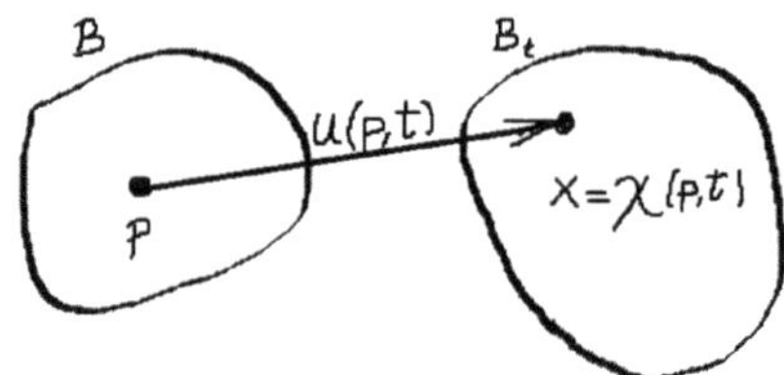

A *função deslocamento*:

$$\mathbf{u} : \mathcal{B} \times \mathcal{I} \to \mathbf{R}^3 \ , \ \mathbf{u}(\mathbf{p}, \mathbf{t}) := \chi(\mathbf{p}, t) - \mathbf{p},$$

informa qual é, no instante t, o deslocamento da partícula do corpo que em B corresponde à posição $\mathbf{p}$. A sua derivada em relação à posição ($D_{123}\mathbf{u}$) é denominada, tradicionalmente, *gradiente do deslocamento*:

$$\mathbf{H} : \mathcal{B} \times \mathcal{I} \longrightarrow \mathbb{M}^3 \ , \ \mathbf{H} := D_{123}\mathbf{u}.$$

Logo:

$$\mathbf{H}(\mathbf{p}, t) = \mathbf{F}(\mathbf{p}, t) - \boldsymbol{I}.$$

Fixemos a atenção em certo instante t e em certo ponto $\mathbf{p}$. Para que as equações fiquem menores, introduzimos $\boldsymbol{F} := \mathbf{F}(\mathbf{p}, t)$ e $\boldsymbol{H} := \mathbf{H}(\mathbf{p}, t)$.

A parte simétrica do gradiente do deslocamento é denominada *matriz linear de deformações*:

$$\boldsymbol{E} := \tfrac{1}{2}(\boldsymbol{H} + \boldsymbol{H}^T)$$

(os seus coeficientes são funções lineares dos coeficientes de $\boldsymbol{H}$).

A matriz $\boldsymbol{E}$, asim como a matriz $\widetilde{\boldsymbol{E}}$ (capítulo anterior), é nula na configuração de referência (supondo-se que seja ocupada em certo instante). Mas, ao contrário de $\widetilde{\boldsymbol{E}}$, a matriz $\boldsymbol{E}$ não permanece igual a $\mathbf{0}$ em todo movimento rígido. Por isso se afirma que $\boldsymbol{E}$ não faz medida exata de deformação.

Veremos a seguir que $\boldsymbol{E}$ fornece um valor aproximado de $\widetilde{\boldsymbol{E}}$ no caso de «pequenas deformações», expressão cujo sentido deverá ficar claro logo abaixo.

Sendo $\boldsymbol{F} = \boldsymbol{I} + \boldsymbol{H}$, podemos facilmente exprimir $\widetilde{\boldsymbol{E}}$ em termos de $\boldsymbol{H}$ e $\boldsymbol{E}$:

$$\widetilde{\boldsymbol{E}} = \boldsymbol{E} + \tfrac{1}{2}\boldsymbol{H}^T\boldsymbol{H}.$$

Consideremos agora dois movimentos de um mesmo corpo, com a mesma configuração de referência, no mesmo intervalo de tempo: $\mathbf{u_I}$ é a função deslocamento do primeiro movimento; e $\mathbf{u} = a\mathbf{u_I}$, $a \in \mathbb{R}$, a função deslocamento do segundo. Assim, no instante t, no ponto $\mathbf{p}$: $\boldsymbol{H} = a\boldsymbol{H_I}$ e $\boldsymbol{E} = a\boldsymbol{E_I}$. A idéia é investigar a diferença entre $\widetilde{\boldsymbol{E}}$ e $\boldsymbol{E}$ (no segundo movimento), à medida que a tende a 0. Com esse objetivo, com $\widetilde{\boldsymbol{E}} = \boldsymbol{E} + \frac{1}{2}\boldsymbol{H}^T\boldsymbol{H}$, $\boldsymbol{H} = a\boldsymbol{H_I}$ e $\boldsymbol{E} = a\boldsymbol{E_I}$, calculamos

$$\widetilde{\boldsymbol{E}} = a\boldsymbol{E_I} + \tfrac{a^2}{2}\boldsymbol{H_I^T}\boldsymbol{H_I}.$$

$\widetilde{\boldsymbol{E}}$ é, portanto, a soma de $\boldsymbol{E} = a\boldsymbol{E_I}$ (parcela linear em a), com um resto quadrático,

$$\boldsymbol{r}(a) := \tfrac{a^2}{2}\boldsymbol{H_I^T}\boldsymbol{H_I},$$

cuja norma, $\| \boldsymbol{r}(a) \|$, tende a 0 «mais rapidamente» que a, isto é:

$$\lim_{a\to 0} \tfrac{\|\boldsymbol{r}(a)\|}{a} = 0.$$

Conforme se diz em Cálculo, a matriz $\boldsymbol{E}$ é a melhor aproximação linear de $\widetilde{\boldsymbol{E}}$ em torno de $a = 0$.

Capítulo 8

Medidas aproximadas de deformação (I)

Com a matriz $\boldsymbol{F}$ calculamos, nos capítulos 3, 4 e 5:

$$\lambda_L = \|\boldsymbol{F}\mathbf{i}\|,$$
$$\lambda_V = \det \boldsymbol{F},$$
$$\lambda_S = \|(\mathrm{cof}\boldsymbol{F})\mathbf{m}\|,$$

e também as deformações correspondentes:

$$\varepsilon_L = \lambda_L - 1,$$
$$\varepsilon_V = \lambda_V - 1,$$
$$\varepsilon_S = \lambda_S - 1.$$

Com a matriz $\boldsymbol{E}$ é possível obter valores aproximados dessas grandezas no caso de «pequenas deformações», no sentido explicado no capítulo anterior. Veremos que estes valores aproximados das deformações (indicados pelos símbolos $(\varepsilon_L)_A$, $(\varepsilon_V)_A$, $(\varepsilon_S)_A$) são

$$(\varepsilon_L)_A := \mathbf{i} \cdot \boldsymbol{E}\mathbf{i},$$
$$(\varepsilon_V)_A := tr\boldsymbol{E},$$
$$(\varepsilon_S)_A := tr\boldsymbol{E} - \mathbf{m} \cdot \boldsymbol{E}\mathbf{m}.$$

Se for $\mathbf{m} = \mathbf{i}$, resultará a relação simples: $(\varepsilon_V)_A = (\varepsilon_L)_A + (\varepsilon_S)_A$.

Para deduzir essas equações, devemos voltar ao ponto do capítulo anterior em que tratamos de dois movimentos de um mesmo corpo, com mesma configuração de referência, no mesmo intervalo de tempo: $\boldsymbol{H_I}$ e $\boldsymbol{E_I}$ referem-se ao primeiro movimento; $\boldsymbol{H} = a\boldsymbol{H_I}$ e $\boldsymbol{E} = a\boldsymbol{E_I}$, ao segundo.

Para obter $(\varepsilon_V)_A$, escrevamos, em primeiro lugar, o polinômio característico de $\boldsymbol{H}$:

$$\det(\boldsymbol{H} - \omega\boldsymbol{I}) = (-\omega)^3 + \mathrm{tr}\boldsymbol{H}(-\omega)^2 + \mathrm{tr}(\mathrm{cof}\boldsymbol{H})(-\omega) + \det\boldsymbol{H}.$$

Se nele substituirmos $\omega = -1$, e levarmos em conta que $\boldsymbol{F} = \boldsymbol{I} + \boldsymbol{H}$, obteremos

$$\lambda_V = \det\boldsymbol{F} = 1 + \mathrm{tr}\boldsymbol{H} + \mathrm{tr}(\mathrm{cof}\boldsymbol{H}) + \det\boldsymbol{H}.$$

Introduzimos agora $\boldsymbol{H} = a\boldsymbol{H_I}$ e definimos a função f_V que associa, a cada a, o valor correspondente λ_V:

$$\lambda_V = f_V(a) = 1 + a\mathrm{tr}\boldsymbol{H_I} + a^2\mathrm{tr}(\mathrm{cof}\boldsymbol{H_I}) + a^3\det\boldsymbol{H_I}.$$

Definimos $(\lambda_V)_A$ como o valor dado pelo polinômio de Taylor de grau 1:

$$(\lambda_V)_A := f_V(0) + (f_V)'(0)a.$$

Sendo

$$(f_V)'(a) = \mathrm{tr}\boldsymbol{H_I} + 2a\mathrm{tr}(\mathrm{cof}\boldsymbol{H_I}) + 3a^2\det\boldsymbol{H_I},$$

$$f_V(0) = 1,$$

$$(f_V)'(0) = \mathrm{tr}\ \boldsymbol{H_I} = \mathrm{tr}\boldsymbol{E_I},$$

$$\boldsymbol{E} = a\boldsymbol{E_I},$$

chegamos a

$$(\varepsilon_V)_A := (\lambda_V)_A - 1 = tr\boldsymbol{E}.$$

No próximo capítulo deduziremos as expressões de $(\varepsilon_L)_A$ e de $(\varepsilon_S)_A$.

Capítulo 9

Medidas aproximadas de deformação (II)

Continuaremos o estudo iniciado no capítulo anterior, deduzindo agora as expressões de $(\varepsilon_L)_A$ e de $(\varepsilon_S)_A$.

Para obter $(\varepsilon_L)_A$, elevamos λ_L ao quadrado, introduzimos a função f_L que associa, a cada a, o valor correspondente λ_L, e calculamos a derivada:

$$
\begin{aligned}
&(\lambda_L)^2 = \boldsymbol{F}\mathbf{i}\cdot\boldsymbol{F}\mathbf{i} = 1 + 2\mathbf{i}\cdot\boldsymbol{E}\mathbf{i} + \boldsymbol{H}\mathbf{i}\cdot\boldsymbol{H}\mathbf{i},\\
&(\lambda_L)^2 = (f_L(a))^2 = 1 + 2a\mathbf{i}\cdot\boldsymbol{E_I}\mathbf{i} + a^2\boldsymbol{H_I}\mathbf{i}\cdot\boldsymbol{H_I}\mathbf{i},\\
&2f_L(a)(f_L)'(a) = 2\mathbf{i}\cdot\boldsymbol{E_I}\mathbf{i} + 2a\boldsymbol{H_I}\mathbf{i}\cdot\boldsymbol{H_I}\mathbf{i}.
\end{aligned}
$$

Definimos

$$(\lambda_L)_A := f_L(0) + (f_L)'(0)a$$

(polinômio de Taylor de grau 1).

Com

$$
\begin{aligned}
&f_L(0) = 1,\\
&(f_L)'(0) = 2\mathbf{i}\cdot\boldsymbol{E_I}\mathbf{i},
\end{aligned}
$$

obtemos

$$(\varepsilon_L)_A := (\lambda_L)_A - 1 = \mathbf{i}\cdot\boldsymbol{E}\mathbf{i}.$$

Para obter $(\varepsilon_S)_A$, elevamos λ_S ao quadrado:

$$(\lambda_S)^2 = (\mathrm{cof}\boldsymbol{F})\mathbf{m}\cdot(\mathrm{cof}\boldsymbol{F})\mathbf{m} = (\mathrm{cof}(\boldsymbol{I}+\boldsymbol{H}))\mathbf{m}\cdot(\mathrm{cof}(\boldsymbol{I}+\boldsymbol{H}))\mathbf{m},$$

introduzimos

$$\mathbf{g}(a) = \mathrm{cof}(\boldsymbol{I} + a\boldsymbol{H_I}),$$

e definimos a função f_S que associa, a cada a, o valor correspondente λ_S:

$$(\lambda_S)^2 = (f_S(a))^2 = \mathbf{g}(a)\mathbf{m} \cdot \mathbf{g}(a)\mathbf{m}.$$

Derivando, obtemos

$$2f_S(a)(f_S)'(a) = 2\mathbf{g}'(a)\mathbf{m} \cdot \mathbf{g}(a)\mathbf{m}.$$

A próxima tarefa é determinar $\mathbf{g}'(a)$, mais especificamente, $\mathbf{g}'(0)$, para ao final conseguirmos $(f_S)'(0)$. Para isso escrevemos

$$\mathbf{g}(a) = \mathrm{cof}(\boldsymbol{I} + a\boldsymbol{H_I}) = \det(\boldsymbol{I} + a\boldsymbol{H_I})(\boldsymbol{I} + a\boldsymbol{H_I})^{-T} = f_V(a)\mathbf{h}(a),$$

com

$$\mathbf{h}(a) = (\boldsymbol{I} + a\boldsymbol{H_I})^{-T}.$$

Logo:

$$\mathbf{g}'(a) = f_V'(a)\mathbf{h}(a) + f_V(a)\mathbf{h}'(a),$$

e a questão passa a ser encontrar $\mathbf{h}'(a)$, mais especificamente, $\mathbf{h}'(0)$. Mas

$$\mathbf{h}(a)(\mathbf{h}(a))^{-1} = (\boldsymbol{I} + a\boldsymbol{H_I})^{-T}(\boldsymbol{I} + a\boldsymbol{H_I})^{T} = \boldsymbol{I}.$$

Derivando, obtemos:

$$\mathbf{h}'(a)(\boldsymbol{I} + a\boldsymbol{H_I})^{T} + (\boldsymbol{I} + a\boldsymbol{H_I})^{-T}\boldsymbol{H_I^T} = \mathbf{0}.$$

Calculando em $a = 0$, chegamos a

$$h'(0) + \boldsymbol{H_I^T} = \mathbf{0}.$$

Portanto:

$$g'(0) = (\mathrm{tr}\boldsymbol{H_I})\boldsymbol{I} - \boldsymbol{H_I^T},$$
$$(f_S)'(0) = \mathrm{tr}\boldsymbol{H_I} - \mathbf{m} \cdot \boldsymbol{H_I}\mathbf{m}.$$

Mas $\mathrm{tr}\boldsymbol{H_I} = \mathrm{tr}\boldsymbol{E_I}$ e $\mathbf{m} \cdot \boldsymbol{H_I}\mathbf{m} = \mathbf{m} \cdot \boldsymbol{E_I}\mathbf{m}$.

Definimos, finalmente,

$$(\lambda_S)_A := f_S(0) + (f_S)'(0)a$$

(polinômio de Taylor de grau 1) e

$$(\varepsilon_S)_A := (\lambda_S)_A - 1 = \mathrm{tr}\boldsymbol{E} - \mathbf{m} \cdot \boldsymbol{E}\mathbf{m}.$$

Capítulo 10

Decomposição polar (I)

Voltemos ao estudo do gradiente da deformação ($\boldsymbol{F}$) e das matrizes de Cauchy-Green (capítulo 6):

$$\boldsymbol{B} := \boldsymbol{F}\boldsymbol{F}^T,$$

$$\boldsymbol{C} := \boldsymbol{F}^T\boldsymbol{F}.$$

O principal objetivo deste capítulo é apresentar a decomposição polar de $\boldsymbol{F}$. Faremos referência a dois teoremas de Álgebra Linear: o teorema da raiz quadrada e o teorema da decomposição polar. (A demonstração destes teoremas pode ser encontrada, por exemplo, no livro *An introduction to continuum mechanics*, de M. E. Gurtin.)

(1) As matrizes $\boldsymbol{B}$ e $\boldsymbol{C}$ são positivas-definidas, isto é, para todo vetor não-nulo $\mathbf{e} \in \mathbf{R}^3$, vale $\mathbf{e} \cdot \boldsymbol{B}\mathbf{e} > \mathbf{0}$ e $\mathbf{e} \cdot \boldsymbol{C}\mathbf{e} > 0$. De fato:

$$\mathbf{e} \cdot \boldsymbol{B}\mathbf{e} = \mathbf{e} \cdot \boldsymbol{F}\boldsymbol{F}^T\mathbf{e} = \boldsymbol{F}^T\mathbf{e} \cdot \boldsymbol{F}^T\mathbf{e} > \mathbf{0},$$

$$\mathbf{e} \cdot \boldsymbol{C}\mathbf{e} = \mathbf{e} \cdot \boldsymbol{F}^T\boldsymbol{F}\mathbf{e} = \boldsymbol{F}\mathbf{e} \cdot \boldsymbol{F}\mathbf{e} > \mathbf{0}$$

($\boldsymbol{F}\mathbf{e}$ e $\boldsymbol{F}^T\mathbf{e}$ não são nulos, já que $\det \boldsymbol{F} > \mathbf{0}$ e $\mathbf{e} \neq \mathbf{0}$).

(2) Sendo $\boldsymbol{B}$ e $\boldsymbol{C}$ simétricas e positivas-definidas, podemos afirmar, de acordo com o *teorema da raiz quadrada*, que cada uma delas tem uma única raiz quadrada simétrica e positiva-definida. Estas raízes quadradas de $\boldsymbol{B}$ e $\boldsymbol{C}$ são chamadas, respectivamente, *estiramento esquerdo* ($\boldsymbol{V}$) e *estiramento direito* ($\boldsymbol{U}$):

$$\boldsymbol{V}^2 = \boldsymbol{B},$$

$$\boldsymbol{U}^2 = \boldsymbol{C}.$$

É costume escrever

$$\boldsymbol{V} = \sqrt{\boldsymbol{B}},$$
$$\boldsymbol{U} = \sqrt{\boldsymbol{C}}.$$

(3) Segundo o *teorema da decomposição polar*, $\boldsymbol{F}$ pode ser escrito da seguinte maneira:

$$\boldsymbol{F} = \boldsymbol{RU} = \boldsymbol{VR},$$

em que $\boldsymbol{R} \in \mathbb{O}^3_+$, denominada *rotação*, é dada por

$$\boldsymbol{R} = \boldsymbol{FU}^{-1} = \boldsymbol{V}^{-1}\boldsymbol{F}.$$

Claramente, $\det \boldsymbol{F} = \det \boldsymbol{V} = \det \boldsymbol{U} > 0$ e $\det \boldsymbol{R} = 1$. O teorema afirma ainda que não há outras matrizes simétricas e positivas-definidas, além de $\boldsymbol{U}$ e $\boldsymbol{V}$, nem outra matriz rotação, além de $\boldsymbol{R}$, com as quais se possa fazer a decomposição polar de $\boldsymbol{F}$.

No capítulo 12 faremos a interpretação cinemática da decomposição polar. Quando estudarmos Elasticidade, veremos que, considerada a decomposição polar, a equação elástica pode ser escrita de uma forma em que ficam nítidos os papéis de $\boldsymbol{U}$ e $\boldsymbol{R}$ na relação com $\boldsymbol{T}$ (matriz das tensões de Cauchy). Antes disso, porém, no capítulo 11, reuniremos, num teorema, algumas propriedades das matrizes $\boldsymbol{V}$ e $\boldsymbol{U}$.

Capítulo 11

Decomposição polar (II)

Consideremos a decomposição polar do gradiente da deformação:

$$\boldsymbol{F} = \boldsymbol{R}\boldsymbol{U} = \boldsymbol{V}\boldsymbol{R}$$

(capítulo anterior), em que figuram a rotação ($\boldsymbol{R}$), o estiramento direito ($\boldsymbol{U}$) e o estiramento esquerdo ($\boldsymbol{V}$). Sabemos que $\boldsymbol{U}^2 = \boldsymbol{C}$ e $\boldsymbol{V}^2 = \boldsymbol{B}$.

Apresentaremos, a seguir, um teorema que trata dos autovalores e autovetores das matrizes $\boldsymbol{U}$, $\boldsymbol{V}$, $\boldsymbol{C}$ e $\boldsymbol{B}$. Convém antes recordar que, segundo um teorema de Álgebra Linear, cada uma dessas matrizes possui três autovalores reais e positivos, uma vez que são simétricas e positivas-definidas (e, com autovetores seus, é possível formar uma base ortonormal).

Teorema:

(a) Os autovalores de $\boldsymbol{U}$ são os estiramentos na direção dos respectivos autovetores.

(b) $\boldsymbol{U}$ e $\boldsymbol{V}$ têm os mesmos autovalores.

(c) Se $\mathbf{d}$ é autovetor de $\boldsymbol{U}$, associado ao autovalor μ, então $\boldsymbol{R}\mathbf{d}$ é autovetor de $\boldsymbol{V}$, associado ao mesmo autovalor μ.

(d) $\boldsymbol{U}$ e $\boldsymbol{C}$ têm os mesmos autovetores. $\boldsymbol{V}$ e $\boldsymbol{B}$ têm os mesmos autovetores. $\boldsymbol{C}$ e $\boldsymbol{B}$ têm os mesmos autovalores, que são os autovalores de $\boldsymbol{U}$ (ou de $\boldsymbol{V}$) elevados ao quadrado.

Demonstração:

(a) Seja $\mathbf{d}$ autovetor de $\boldsymbol{U}$, associado ao autovalor μ (positivo, pois $\boldsymbol{U}$ é positiva-definida), isto é,

$$\boldsymbol{U}\mathbf{d} = \mu\mathbf{d}.$$

Conforme o capítulo 3, o estiramento na direção de $\mathbf{d}$ é

$$\lambda_L = \|\boldsymbol{F}\mathbf{i}\|,$$

com $\mathbf{i} = \mathbf{d}/d$, versor na direção de $\mathbf{d}$ (d é a norma de $\mathbf{d}$). Mas $\boldsymbol{F} = \boldsymbol{RU}$, $\|\boldsymbol{RU}\mathbf{i}\| = \|\boldsymbol{U}\mathbf{i}\|$ (pois $\boldsymbol{R}$ é uma rotação) e $\|\boldsymbol{U}\mathbf{i}\| = \|\mu\mathbf{i}\| = \mu$. Logo: $\lambda_L = \mu$.

(b) Se multiplicarmos ambos os lados de $\boldsymbol{RU} = \boldsymbol{VR}$, à esquerda, por $\boldsymbol{R}^T$, obteremos

$$\boldsymbol{U} = \boldsymbol{R}^T\boldsymbol{V}\boldsymbol{R}$$

(já que $\boldsymbol{R}^T\boldsymbol{R} = \boldsymbol{I}$) . Portanto, $\boldsymbol{U}$ e $\boldsymbol{V}$ têm o mesmo polinômio característico e, sendo assim, têm os mesmos autovalores.

(c) Se $\boldsymbol{U}\mathbf{d} = \mu\mathbf{d}$, então, sendo $\boldsymbol{U} = \boldsymbol{R}^T\boldsymbol{V}\boldsymbol{R}$:

$$\boldsymbol{R}^T\boldsymbol{V}\boldsymbol{R}\mathbf{d} = \mu\mathbf{d},$$

$$\boldsymbol{V}\boldsymbol{R}\mathbf{d} = \mu\boldsymbol{R}\mathbf{d}.$$

(Para obter a última igualdade, multiplicamos a primeira, à esquerda, por $\boldsymbol{R}$.)

(d) Multiplicando os dois membros de $\boldsymbol{U}\mathbf{d} = \mu\mathbf{d}$ por $\boldsymbol{U}$, à esquerda, obtemos

$$\boldsymbol{C}\mathbf{d} = \mu\boldsymbol{U}\mathbf{d} = \mu^2\mathbf{d}.$$

Da mesma forma, multiplicando à esquerda, por $\boldsymbol{V}$, os dois membros de

$$\boldsymbol{V}\mathbf{e} = \nu\mathbf{e},$$

resulta

$$\boldsymbol{B}\mathbf{e} = \nu\boldsymbol{V}\mathbf{e} = \nu^2\mathbf{e}. \qquad \square$$

Capítulo 12

Decomposição polar (III)

Voltemos ao tema do capítulo 3, particularmente à equação

$$\mathbf{h} = \boldsymbol{F}\mathbf{d}.$$

(ver a figura e o teorema lá apresentados). Pela decomposição polar:

$$\mathbf{h} = \boldsymbol{R}\boldsymbol{U}\mathbf{d},$$

$$\mathbf{h} = \boldsymbol{V}\boldsymbol{R}\mathbf{d}.$$

O efeito da multiplicação de $\boldsymbol{F}$ por $\mathbf{d}$ pode, portanto, ser interpretado de dois modos. (Usaremos resultados obtidos no capítulo anterior.)

Em $\mathbf{h} = \boldsymbol{R}\boldsymbol{U}\mathbf{d}$, a multiplicação de $\boldsymbol{U}$ por $\mathbf{d}$ causa a $\mathbf{d}$, em geral, mudança de comprimento e direção (se $\mathbf{d}$ for autovetor de $\boldsymbol{U}$, então a direção e o sentido se manterão; isto ocorre em três direções ortogonais entre si); a multiplicação de $\boldsymbol{R}$ por $\boldsymbol{U}\mathbf{d}$ apenas gira o vetor $\boldsymbol{U}\mathbf{d}$.

Suponhamos que $\{\mathbf{e_a}, \mathbf{e_b}, \mathbf{e_c}\}$ seja uma base ortonormal formada por autovetores de $\boldsymbol{U}$, com autovalores associados μ_a, μ_b e μ_c. A multiplicação por $\boldsymbol{U}$ transforma $\{\mathbf{e_a}, \mathbf{e_b}, \mathbf{e_c}\}$ em

$$\{\mu_a\mathbf{e_a}, \mu_b\mathbf{e_b}, \mu_c\mathbf{e_c}\}$$

(base ortogonal). A multiplicação por $\boldsymbol{R}$ gira a base $\{\mu_a\mathbf{e_a}, \mu_b\mathbf{e_b}, \mu_c\mathbf{e_c}\}$, transformando-a na base

$$\{\mu_a\boldsymbol{R}\mathbf{e_a}, \mu_b\boldsymbol{R}\mathbf{e_b}, \mu_c\boldsymbol{R}\mathbf{e_c}\}.$$

Em $\mathbf{h} = \boldsymbol{V}\boldsymbol{R}\mathbf{d}$, a multiplicação de $\boldsymbol{R}$ por $\mathbf{d}$ apenas gira o vetor $\mathbf{d}$; a multiplicação de $\boldsymbol{V}$ por $\boldsymbol{R}\mathbf{d}$ acarreta, em geral, mudança de comprimento e direção (se $\boldsymbol{R}\mathbf{d}$ for autovetor de $\boldsymbol{V}$, então a direção e o sentido se manterão; isto ocorre em três direções ortogonais entre si).

Consideremos novamente a base ortonormal $\{\mathbf{e_a}, \mathbf{e_b}, \mathbf{e_c}\}$ (formada por autovetores de $\boldsymbol{U}$, com autovalores μ_a, μ_b e μ_c). A multiplicação por $\boldsymbol{R}$ a transforma em

$$\{\boldsymbol{R}\mathbf{e_a}, \boldsymbol{R}\mathbf{e_b}, \boldsymbol{R}\mathbf{e_c}\},$$

base ortonormal formada por autovetores de $\boldsymbol{V}$, associados aos autovalores μ_a, μ_b e μ_c. A multiplicação por $\boldsymbol{V}$ transforma $\{\boldsymbol{R}\mathbf{e_a}, \boldsymbol{R}\mathbf{e_b}, \boldsymbol{R}\mathbf{e_c}\}$ na base

$$\{\mu_a\boldsymbol{R}\mathbf{e_a}, \mu_b\boldsymbol{R}\mathbf{e_b}, \mu_c\boldsymbol{R}\mathbf{e_c}\}.$$

Capítulo 13

Mudança de observador (I)

Tudo o que estudamos até este ponto esteve implicitamente ligado a certo observador (ou referencial). Neste e nos próximos capítulos, examinaremos de que modo se transformam as grandezas cinemáticas e dinâmicas perante uma mudança de observador. Para realçar o essencial, suporemos que os observadores «sincronizaram os seus cronômetros», isto é, que atribuem o mesmo número a cada instante.

Uma mudança de observador (digamos, do primeiro observador, observador I, para o segundo observador, observador II) é caracterizada por duas funções:

$$\mathbf{Q} : \mathbb{R} \to \mathbb{O}^3_+,$$
$$\mathbf{c} : \mathbb{R} \to \mathbb{R}^3,$$

ambas diferenciáveis. Com estas funções são construídas as equações que relacionam grandezas e funções relativas aos dois observadores.

Suponhamos que, para o observador I, certa partícula se encontre, no instante $t \in \mathbb{R}$, na posição $\mathbf{x} \in \mathbb{R}^3$.

Axioma: a posição $\mathbf{x}^* \in \mathbb{R}^3$ que o observador II atribui à mesma partícula, no mesmo instante, é dada pela função de transformação de posições:

$$\boldsymbol{\xi} : \mathbb{R}^3 \times \mathbb{R} \to \mathbb{R}^3,$$
$$(\mathbf{x}, t) \mapsto \mathbf{x}^* := \boldsymbol{\xi}(\mathbf{x}, t) := \mathbf{c}(t) + \mathbf{Q}(t)(\mathbf{x} - \mathbf{o}),$$

com $\mathbf{o} = (0, 0, 0)$.

Isto é, a função $\boldsymbol{\xi}$ estabelece uma correspondência entre a posição $\mathbf{x}$, registrada pelo observador I em t, e a posição $\mathbf{x}^* = \boldsymbol{\xi}(\mathbf{x}, t)$, registrada pelo observador II, no mesmo instante.

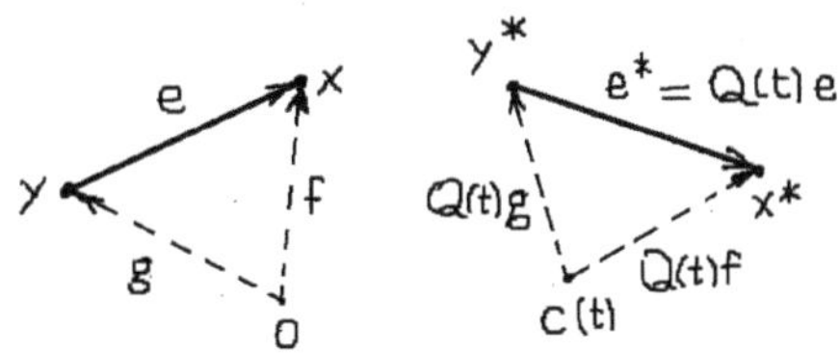

Partindo da fórmula para transformação de posições, podemos facilmente obter a fórmula para transformação de vetores geométricos (diferenças de pontos).

Ao vetor $\mathbf{e} = \mathbf{x} - \mathbf{y}$ (diferença de duas posições registradas pelo observador I, no instante t), corresponderá, para o observador II, o vetor $\mathbf{e}^* = \mathbf{x}^* - \mathbf{y}^*$, sendo $\mathbf{x}^* = \boldsymbol{\xi}\,(\mathbf{x}, t)$ e $\mathbf{y}^* = \boldsymbol{\xi}(\mathbf{y}, t)$, ou seja:

$$\mathbf{e}^* = \mathbf{Q}(t)\mathbf{e}$$

$(\mathbf{e}, \mathbf{e}^* \in \mathbf{R}^3)$.

Portanto, sendo $\mathbf{Q}(t)$ uma matriz rotação, preservam-se, na mudança de observador, norma de vetores, ângulo entre vetores e orientação de bases.

Capítulo 14

Mudança de observador (II)

Continuando o capítulo anterior, consideremos o movimento

$$\boldsymbol{\chi} : \mathcal{B} \times \mathcal{I} \to \mathbb{R}^3 \ , \ (\mathbf{p}, t) \longmapsto \mathbf{x} := \boldsymbol{\chi}(\mathbf{p}, t),$$

relativo ao primeiro observador. A este movimento corresponderá, pela função $\boldsymbol{\xi}$, o seguinte movimento (com a mesma configuração de referência e o mesmo intervalo de tempo), relativo ao segundo observador:

$$\boldsymbol{\chi}^* : \mathcal{B} \times \mathcal{I} \to \mathbb{R}^3 \ ,$$
$$(\mathbf{p}, t) \longmapsto \mathbf{x}^* := \boldsymbol{\chi}^*(\mathbf{p}, t) := \boldsymbol{\xi}(\boldsymbol{\chi}(\mathbf{p}, t), t) = \mathbf{c}(t) + \mathbf{Q}(t)(\boldsymbol{\chi}(\mathbf{p}, t) - \mathbf{o}).$$

As funções velocidade material ($\mathbf{v_m}$), aceleração material ($\mathbf{a_m}$) e gradiente da deformação ($\mathbf{F}$), relativas ao primeiro observador, definem-se por:

$$\mathbf{v_m}, \mathbf{a_m} : \mathcal{B} \times \mathcal{I} \to \mathbf{R^3} \ , \ \mathbf{v_m} := D_4\boldsymbol{\chi} \ , \ \mathbf{a_m} := D_4\mathbf{v_m},$$
$$\mathbf{F} : \mathcal{B} \times \mathcal{I} \to \mathbb{M}^3_+, \ \mathbf{F} := D_{123}\boldsymbol{\chi}.$$

(O índice 4 denota derivada em relação à quarta variável, o tempo; o índice 123 denota derivada em relação ao conjunto das três primeiras variáveis, a posição). Do mesmo modo, evidentemente, se definem as funções relativas ao segundo observador, sendo, porém, $\boldsymbol{\chi}^*$ a função movimento:

$$\mathbf{v}^*_\mathbf{m}, \mathbf{a}^*_\mathbf{m} : \mathcal{B} \times \mathcal{I} \to \mathbf{R^3} \ , \ \mathbf{v}^*_\mathbf{m} := D_4\boldsymbol{\chi}^* \ , \ \mathbf{a}^*_\mathbf{m} := D_4\mathbf{v}^*_\mathbf{m},$$
$$\mathbf{F}^* : \mathcal{B} \times \mathcal{I} \to \mathbb{M}^3_+, \ \mathbf{F}^* := D_{123}\boldsymbol{\chi}^*.$$

Usando a equação

$$\boldsymbol{\chi}^*(\mathbf{p}, t) = \mathbf{c}(t) + \mathbf{Q}(t)(\boldsymbol{\chi}(\mathbf{p}, t) - \mathbf{o}),$$

obtemos, calculando derivadas, as respectivas fórmulas de transformação para as funções $\mathbf{v_m}$, $\mathbf{a_m}$ e $\mathbf{F}$, quando da mudança de observador:

$$\mathbf{v}^*_{\mathbf{m}}(\mathbf{p},t) := D_4\boldsymbol{\chi}^*(\mathbf{p},t) = \dot{\mathbf{c}}(t) + \dot{\mathbf{Q}}(t)(\boldsymbol{\chi}(\mathbf{p},t) - \mathbf{o}) + \mathbf{Q}(t)\mathbf{v}_{\mathbf{m}}(\mathbf{p},t),$$

$$\mathbf{a}^*_{\mathbf{m}}(\mathbf{p},t) := D_4\mathbf{v}^*_{\mathbf{m}}(\mathbf{p},t) = \ddot{\mathbf{c}}(t) + \ddot{\mathbf{Q}}(t)(\boldsymbol{\chi}(\mathbf{p},t) - \mathbf{o}) + 2\dot{\mathbf{Q}}(t)\mathbf{v}_{\mathbf{m}}(\mathbf{p},t) + \mathbf{Q}(t)\mathbf{a}_{\mathbf{m}}(\mathbf{p},t),$$

$$\mathbf{F}^*(\mathbf{p},t) := D_{123}\boldsymbol{\chi}^*(\mathbf{p},t) = \mathbf{Q}(t)\mathbf{F}(\mathbf{p},t).$$

(No que se refere a funções do tempo apenas, um ponto sobreposto indica primeira derivada; dois pontos, segunda derivada.)

Capítulo 15

Mudança de observador (III)

Estudaremos, neste capítulo, as fórmulas de transformação para as matrizes de deformação. Usaremos a fórmula de transformação do gradiente da deformação, deduzida no capítulo anterior:

$$\boldsymbol{F}^* = \boldsymbol{QF}.$$

Para que seja mais fácil e rápido ler as equações, e fixada a atenção em certo $(\mathbf{p}, t)$, introduzimos: $\boldsymbol{F} := \mathbf{F}(\mathbf{p}, t)$, $\boldsymbol{F}^* := \mathbf{F}^*(\mathbf{p}, t)$, $\boldsymbol{Q} := \mathbf{Q}(t)$.

Comecemos por $\boldsymbol{B}$, $\boldsymbol{C}$ e $\widetilde{\boldsymbol{E}}$.

Teorema: $\boldsymbol{B}^* = \boldsymbol{QBQ}^T$, $\boldsymbol{C}^* = \boldsymbol{C}$, $\widetilde{\boldsymbol{E}}^* = \widetilde{\boldsymbol{E}}$.

Demonstração: segundo as definições do capítulo 6:

$$\boldsymbol{B}^* = \boldsymbol{F}^*\boldsymbol{F}^{*T},$$

$$\boldsymbol{C}^* = \boldsymbol{F}^{*T}\boldsymbol{F}^*,$$

$$\widetilde{\boldsymbol{E}}^* = \tfrac{1}{2}(\boldsymbol{C}^* - \boldsymbol{I}).$$

E, pelo que vimos no capítulo anterior, $\boldsymbol{F}^* = \boldsymbol{QF}$; portanto, $\boldsymbol{F}^{*T} = \boldsymbol{F}^T\boldsymbol{Q}^T$. Logo: $\boldsymbol{B}^* = \boldsymbol{QFF}^T\boldsymbol{Q}^T$, $\boldsymbol{C}^* = \boldsymbol{F}^T\boldsymbol{Q}^T\boldsymbol{QF}$. Mas $\boldsymbol{FF}^T = \boldsymbol{B}$, $\boldsymbol{Q}^T\boldsymbol{Q} = \boldsymbol{I}$ e $\boldsymbol{F}^T\boldsymbol{F} = \boldsymbol{C}$. Resultam assim as fórmulas de transformação acima. □

Vejamos agora como se transformam os fatores da decomposição polar $\boldsymbol{R}$, $\boldsymbol{U}$ e $\boldsymbol{V}$.

Teorema: $\boldsymbol{R}^* = \boldsymbol{QR}$, $\boldsymbol{U}^* = \boldsymbol{U}$, $\boldsymbol{V}^* = \boldsymbol{RVR}^T$.

Demonstração: pelo teorema da decomposição polar:

$$\boldsymbol{F}^* = \boldsymbol{R}^*\boldsymbol{U}^* = \boldsymbol{V}^*\boldsymbol{R}^*$$

e também, evidentemente, $\boldsymbol{F} = \boldsymbol{RU} = \boldsymbol{VR}$. Multiplicando ambos os membros de $\boldsymbol{F} = \boldsymbol{RU}$, por $\boldsymbol{Q}$, à esquerda, e lembrando que $\boldsymbol{F}^* = \boldsymbol{QF}$, obtemos

$$\boldsymbol{F}^* = \boldsymbol{QRU}.$$

Mas $\boldsymbol{QR}$ é ortogonal, pois $(\boldsymbol{QR})^T\boldsymbol{QR} = \boldsymbol{R}^T\boldsymbol{Q}^T\boldsymbol{QR} = \boldsymbol{I}$; e $\boldsymbol{QR}$ é rotação (ortogonal com determinante 1), pois, sendo $\det \boldsymbol{Q} = 1$ e $\det \boldsymbol{R} = 1$, será $\det \boldsymbol{QR} = 1$.

Como os fatores da decomposição polar são únicos (uma rotação única multiplicando uma matriz simétrica e positiva-definida única), e comparando $\boldsymbol{F}^* = \boldsymbol{R}^*\boldsymbol{U}^*$ com $\boldsymbol{F}^* = \boldsymbol{QRU}$, concluímos:

$$\boldsymbol{R}^* = \boldsymbol{QR},$$
$$\boldsymbol{U}^* = \boldsymbol{U}.$$

Agora, partindo de $\boldsymbol{F}^* = \boldsymbol{R}^*\boldsymbol{U}^* = \boldsymbol{V}^*\boldsymbol{R}^*$, multiplicamos à direita por $\boldsymbol{R}^{*T}$. Decorre $\boldsymbol{V}^* = \boldsymbol{R}^*\boldsymbol{U}^*\boldsymbol{R}^{*T}$. Com $\boldsymbol{R}^* = \boldsymbol{QR}, \boldsymbol{U}^* = \boldsymbol{U}$ e $\boldsymbol{V} = \boldsymbol{RUR}^T$, resulta

$$\boldsymbol{V}^* = \boldsymbol{RVR}^T. \quad \square$$

Vejamos, finalmente, de que forma se transformam $\boldsymbol{H}$ e $\boldsymbol{E}$. Como $\boldsymbol{H}^* = \boldsymbol{F}^* - \boldsymbol{I}$ e $\boldsymbol{F}^* = \boldsymbol{QF}$, então

$$\boldsymbol{H}^* = \boldsymbol{QF} - \boldsymbol{I} = \boldsymbol{QH} + \boldsymbol{Q} - \boldsymbol{I}$$

(uma vez que $\boldsymbol{F} = \boldsymbol{I} + \boldsymbol{H}$). E

$$\boldsymbol{E}^* = \tfrac{1}{2}(\boldsymbol{H}^* + \boldsymbol{H}^{*T}) = \tfrac{1}{2}(\boldsymbol{QF} + \boldsymbol{F}^T\boldsymbol{Q}^T) - \boldsymbol{I}.$$

Capítulo 16

Mudança de observador (IV)

Nos capítulos anteriores deduzimos fórmulas de transformação para algumas funções e grandezas cinemáticas. Neste capítulo veremos como se transformam, na mudança de observador, algumas funções dinâmicas (todas elas funções espaciais - ou eulerianas -, conhecidas de estudos prévios de Mecânica do Contínuo).

As fórmulas de transformação para as funções ρ (densidade, função escalar), $\mathbf{b_s}$ (densidade volumétrica de força, função vetorial) e $\mathbf{s}$ (densidade superficial de força, função vetorial) serão especificadas num axioma; já a fórmula de transformação para a função $\mathbf{T}$ (tensão de Cauchy, função matricial) será obtida num teorema.

Axioma:

$$\rho^*(\mathbf{x}^*, t) = \rho(\mathbf{x}, t),\ \mathbf{b}_{\mathbf{s}}^*(\mathbf{x}^*, t) = \mathbf{Q}(t)\mathbf{b}_{\mathbf{s}}(\mathbf{x}, t),\ \mathbf{s}^*(\mathbf{x}^*, t, \mathbf{n}^*) = \mathbf{Q}(t)\mathbf{s}(\mathbf{x}, t, \mathbf{n}).$$

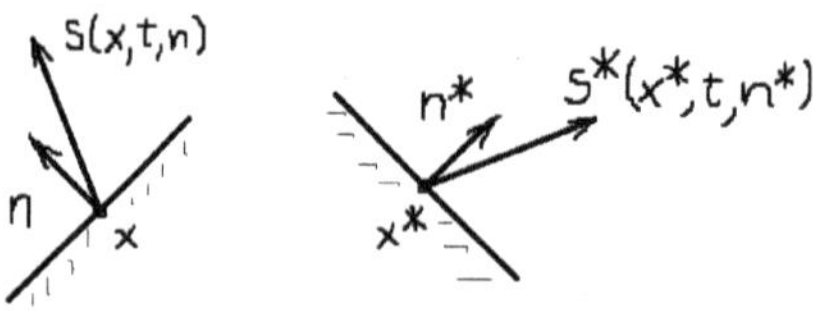

(O asterisco indica funções ou grandezas relativas ao segundo observador.)

Na terceira equação acima estão presentes os versores normais exteriores $\mathbf{n}$ (relativo ao primeiro observador) e $\mathbf{n}^*$ (relativo ao segundo observador), que se ligam por $\mathbf{n}^* = \mathbf{Q}(t)\mathbf{n}$ (fórmula para transformação de vetores geométricos deduzida no capítulo 13).

Partindo de $\mathbf{s}^*(\mathbf{x}^*, t, \mathbf{n}^*) = \mathbf{Q}(t)\mathbf{s}(\mathbf{x}, t, \mathbf{n})$, demonstraremos a seguir um importante teorema a respeito da transformação de $\mathbf{T}$.

Teorema: $\mathbf{T}^*(\mathbf{x}^*, t) = \mathbf{Q}(t)\mathbf{T}(\mathbf{x}, t)\mathbf{Q}^{\mathbf{T}}(t)$.

Demonstração: combinando $\mathbf{s}^*(\mathbf{x}^*, t, \mathbf{n}^*) = \mathbf{Q}(t)\mathbf{s}(\mathbf{x}, t, \mathbf{n})$, $\mathbf{s}(\mathbf{x}, t, \mathbf{n}) = \mathbf{T}(\mathbf{x}, t)\mathbf{n}$ e $\mathbf{s}^*(\mathbf{x}^*, t, \mathbf{n}^*) = \mathbf{T}^*(\mathbf{x}^*, t)\mathbf{n}^*$, chegamos a

$$\mathbf{T}^*(\mathbf{x}^*, t)\mathbf{n}^* = \mathbf{Q}(t)\mathbf{T}(\mathbf{x}, t)\mathbf{n}.$$

Mas $\mathbf{n}^* = \mathbf{Q}(t)\mathbf{n}$. Logo:

$$\mathbf{T}^*(\mathbf{x}^*, t)\mathbf{Q}(t)\mathbf{n} = \mathbf{Q}(t)\mathbf{T}(\mathbf{x}, t)\mathbf{n}.$$

Como esta igualdade vale para todo $\mathbf{n}$, resulta

$$\mathbf{T}^*(\mathbf{x}^*, t)\mathbf{Q}(t) = \mathbf{Q}(t)\mathbf{T}(\mathbf{x}, t)).$$

Multiplicando à direita por $\mathbf{Q}^{\mathbf{T}}(t) := (\mathbf{Q}(t))^T$, obtemos, finalmente:

$$\mathbf{T}^*(\mathbf{x}^*, t) = \mathbf{Q}(t)\mathbf{T}(\mathbf{x}, t)\mathbf{Q}^{\mathbf{T}}(t). \quad \square$$

A questão da mudança de observador é também importante na teoria das equações constitutivas.

Dizemos que certa equação constitutiva é invariante perante mudança de observador (ou *objetiva*), se tiver a seguinte propriedade: sempre que a equação for satisfeita por χ e $\mathbf{T}$, também será satisfeita por χ^* e $\mathbf{T}^*$, qualquer que seja a mudança de observador.

Em alguns estudos de Mecânica do Contínuo se estabelece, com base nesta definição, um axioma, denominado *princípio da objetividade material* ou *princípio da independência do observador*, que se enuncia assim: toda equação constitutiva deve ser objetiva. Caso este axioma seja incluído na teoria, ficam dela excluídas, evidentemente, as equações que não são objetivas.

Capítulo 17

Tensões de Piola-Kirchhoff

Consideremos, em certo $(\mathbf{p},t)$ fixo, o gradiente da deformação, $\mathbf{F}(\mathbf{p},t)$, e a matriz das tensões de Cauchy, $\mathbf{T_m}(\mathbf{p},t)$ ($\mathbf{T_m}$ é a descrição material da tensão de Cauchy). Para que as fórmulas fiquem menores, trabalharemos com $\boldsymbol{F} := \mathbf{F}(\mathbf{p},t)$ e $\boldsymbol{T} := \mathbf{T_m}(\mathbf{p},t)$. Além da matriz das tensões de Cauchy, importantíssima, são úteis em Elasticidade a *primeira* e a *segunda matriz de tensões de Piola – Kirchhoff*, definidas por

$$\boldsymbol{S} := \boldsymbol{T}\,\mathrm{cof}\boldsymbol{F},$$

$$\boldsymbol{\Sigma} := \boldsymbol{F}^{-1}\boldsymbol{S}.$$

A matriz $\boldsymbol{S}$, que, em geral, não é simétrica, facilita o estabelecimento de condições de contorno para tensões, em problemas de Elasticidade; tem interpretação física clara (veremos abaixo). A matriz $\boldsymbol{\Sigma}$, simétrica, é útil para escrever de forma compacta algumas equações constitutivas elásticas.

Voltemos ao capítulo 5. As áreas vetoriais dos paralelogramos $(\mathbf{p},\mathbf{b},\mathbf{c})$ e $(\mathbf{x},\mathbf{f},\mathbf{g})$ são, respectivamente:

$$\boldsymbol{\alpha} = \mathbf{b}\wedge\mathbf{c} = \alpha\mathbf{m},$$

$$\boldsymbol{\beta} = \mathbf{f}\wedge\mathbf{g} = \beta\mathbf{n},$$

em que $\alpha := \|\boldsymbol{\alpha}\|$, $\beta := \|\boldsymbol{\beta}\|$, e $\mathbf{m}$ e $\mathbf{n}$ são os versores normais aos paralelogramos, com o mesmo sentido de $\boldsymbol{\alpha}$ e $\boldsymbol{\beta}$. Estas se relacionam por

$$\boldsymbol{\beta} = (\mathrm{cof}\boldsymbol{F})\boldsymbol{\alpha}.$$

Teorema: $\boldsymbol{T}\boldsymbol{\beta} = \boldsymbol{S}\boldsymbol{\alpha}$.

Demonstração: $\boldsymbol{T}\boldsymbol{\beta} = \boldsymbol{T}(\mathrm{cof}\boldsymbol{F})\boldsymbol{\alpha} = \boldsymbol{S}\boldsymbol{\alpha}$. □

O vetor tensão atuante em $\mathbf{x}$, no instante t, sobre o plano orientado de versor normal exterior $\mathbf{n}$, é

$$\mathbf{s}(\mathbf{x}, t, \mathbf{n}) = \mathbf{T}(\mathbf{x}, t)\mathbf{n} = \mathbf{T}_{\mathbf{m}}(\mathbf{p}, t)\mathbf{n},$$

para $\mathbf{x} = \chi(\mathbf{p}, t)$ ($\mathbf{T}$ é a descrição espacial da tensão de Cauchy). Estando fixos na discussão $\mathbf{p}$, t e $\mathbf{x}$, usaremos, para simplificar a escrita, $\boldsymbol{s} := \mathbf{s}(\mathbf{x}, t, \mathbf{n})$.

Para a interpretação física de $\boldsymbol{S}$, definimos uma nova grandeza:

$$\boldsymbol{\zeta} := \beta \boldsymbol{s},$$

que seria a força resultante sobre o paralelogramo $(\mathbf{x}, \mathbf{f}, \mathbf{g})$, caso $\boldsymbol{s}$, vetor tensão em $\mathbf{x}$, fosse o mesmo em todo este paralelogramo.

Mostraremos a seguir que vale

$$\boldsymbol{\zeta} = \boldsymbol{T}\boldsymbol{\beta} = \boldsymbol{S}\boldsymbol{\alpha}.$$

É interessante notar os papéis homólogos desempenhados, no cálculo de $\boldsymbol{\zeta}$, pelas matrizes de tensões $\boldsymbol{T}$ e $\boldsymbol{S}$ e pelas áreas vetoriais $\boldsymbol{\beta}$ e $\boldsymbol{\alpha}$. A fórmula acima decorre diretamente da definição de $\boldsymbol{\zeta}$, com $\boldsymbol{s} = \boldsymbol{T}\mathbf{n}$, $\boldsymbol{\beta} = \beta\mathbf{n}$, e do teorema há pouco apresentado.

Dividindo $\boldsymbol{\zeta}$ pelas áreas, obtemos

$$\frac{\boldsymbol{\zeta}}{\beta} = \boldsymbol{T}\mathbf{n},$$
$$\frac{\boldsymbol{\zeta}}{\alpha} = \boldsymbol{S}\mathbf{m}.$$

Em palavras, $\boldsymbol{T}\mathbf{n}$ é a força $\boldsymbol{\zeta}$ dividida pela área do paralelogramo $(\mathbf{x}, \mathbf{f}, \mathbf{g})$, ao passo que $\boldsymbol{S}\mathbf{m}$ é a força $\boldsymbol{\zeta}$ dividida pela área do paralelogramo $(\mathbf{p}, \mathbf{b}, \mathbf{c})$.

Capítulo 18

Elasticidade (I)

Dizemos que um corpo é constituído de material elástico, caracterizado pela *função constitutiva*

$$\mathbf{g} : \mathbb{M}^3_+ \to \mathbb{S}^3,$$

caso, para todo $\mathbf{p} \in \mathcal{B}$, e para todo $t \in \mathcal{I}$, em qualquer movimento, $\mathbf{F}(\mathbf{p}, t)$ e $\mathbf{T_m}(\mathbf{p}, t)$ satisfaçam a *equação elástica*

$$\mathbf{T_m}(\mathbf{p}, t) = \mathbf{g}(\mathbf{F}(\mathbf{p}, t)).$$

Veremos a seguir qual é a restrição que se deve impor à função $\mathbf{g}$, para que a equação elástica seja objetiva (invariante perante mudança de observador).

Do estudo realizado nos capítulos 14 e 16, sabemos que, para o segundo observador, $\mathbf{F}^*(\mathbf{p}, t) = \mathbf{Q}(t)\mathbf{F}(\mathbf{p}, t)$ e $\mathbf{T}^*_\mathbf{m}(\mathbf{p}, t) = \mathbf{Q}(t)\mathbf{T_m}(\mathbf{p}, t)\mathbf{Q^T}(t)$. Com o objetivo de abreviar a notação, escreveremos: $\boldsymbol{F} := \mathbf{F}(\mathbf{p}, t)$, $\boldsymbol{F}^* := \mathbf{F}^*(\mathbf{p}, t)$, $\boldsymbol{Q} := \mathbf{Q}(t)$, $\boldsymbol{T} := \mathbf{T_m}(\mathbf{p}, t)$, $\boldsymbol{T}^* := \mathbf{T}^*_\mathbf{m}(\mathbf{p}, t)$.

Teorema: para que a equação elástica seja objetiva, é necessário e suficiente que a função $\mathbf{g}$ tenha a seguinte propriedade: para todo $\boldsymbol{A} \in \mathbb{M}^3_+$, e para todo $\boldsymbol{G} \in \mathbb{O}^3_+$, deve valer $\mathbf{g}(\boldsymbol{GA}) = \boldsymbol{G}\mathbf{g}(\boldsymbol{A})\boldsymbol{G^T}$.

Demonstração:

(a) Primeira parte.

Hipótese: $\mathbf{g}(\boldsymbol{GA}) = \boldsymbol{G}\mathbf{g}(\boldsymbol{A})\boldsymbol{G^T}$ (identicamente). Tese: a equação é objetiva, isto é, $\boldsymbol{T} = \mathbf{g}(\boldsymbol{F})$ (em qualquer movimento) implica $\boldsymbol{T}^* = \mathbf{g}(\boldsymbol{F}^*)$, qualquer que seja a mudança de observador.

Partimos de $\boldsymbol{T} = \mathbf{g}(\boldsymbol{F})$. Multiplicamos, à esquerda, por $\boldsymbol{Q}$ e, à direita, por $\boldsymbol{Q^T}$. Depois usamos $\mathbf{g}(\boldsymbol{GA}) = \boldsymbol{G}\mathbf{g}(\boldsymbol{A})\boldsymbol{G^T}$:

$$\boldsymbol{QTQ^T} = \boldsymbol{Q}\mathbf{g}(\boldsymbol{F})\boldsymbol{Q^T} = \mathbf{g}(\boldsymbol{QF}).$$

Mas $\boldsymbol{T}^* = \boldsymbol{Q}\boldsymbol{T}\boldsymbol{Q}^T$ e $\boldsymbol{F}^* = \boldsymbol{Q}\boldsymbol{F}$. Logo: $\boldsymbol{T}^* = \mathrm{g}(\boldsymbol{F}^*)$.

(b) Segunda parte.

Hipótese: a equação é objetiva , isto é, $\boldsymbol{T} = \mathrm{g}(\boldsymbol{F})$ (em qualquer movimento) implica $\boldsymbol{T}^* = \mathrm{g}(\boldsymbol{F}^*)$, qualquer que seja a mudança de observador. Tese: $\mathrm{g}(\boldsymbol{G}\boldsymbol{A}) = \boldsymbol{G}\mathrm{g}(\boldsymbol{A})\boldsymbol{G}^T$ (identicamente).

Partimos de $\boldsymbol{T}^* = \mathrm{g}(\boldsymbol{F}^*)$, com $\boldsymbol{T}^* = \boldsymbol{Q}\boldsymbol{T}\boldsymbol{Q}^T$ e $\boldsymbol{F}^* = \boldsymbol{Q}\boldsymbol{F}$: $\boldsymbol{Q}\boldsymbol{T}\boldsymbol{Q}^T = \mathrm{g}(\boldsymbol{Q}\boldsymbol{F})$.

Mas $\boldsymbol{T} = \mathrm{g}(\boldsymbol{F})$. Portanto:

$$\boldsymbol{Q}\mathrm{g}(\boldsymbol{F})\boldsymbol{Q}^T = \mathrm{g}(\boldsymbol{Q}\boldsymbol{F}),$$

que vale para todo $\boldsymbol{F} \in \mathbb{M}^3_+$ (qualquer movimento) e todo $\boldsymbol{Q} \in \mathbb{O}^3_+$ (qualquer mudança de observador). □

O teorema seguinte revela que as equações elásticas objetivas podem ser expressas em termos de $\boldsymbol{R}$ e $\boldsymbol{U}$, de forma que apenas $\boldsymbol{U}$ (matriz que, diferentemente de $\boldsymbol{R}$, é responsável pelas mudanças de comprimento, área e volume) apareça como argumento da função constitutiva.

Teorema: Seja $\boldsymbol{T} = \mathrm{g}(\boldsymbol{F})$ uma equação elástica objetiva. Então:

$$\boldsymbol{T} = \boldsymbol{R}\mathrm{g}(\boldsymbol{U})\boldsymbol{R}^T,$$

denominada *equação elástica reduzida.*

Demonstração: se a equação é objetiva, então, conforme o teorema anterior, neste capítulo:

$$\boldsymbol{Q}\boldsymbol{T}\boldsymbol{Q}^T = \mathrm{g}(\boldsymbol{Q}\boldsymbol{F}).$$

Agora introduzimos $\boldsymbol{F} = \boldsymbol{R}\boldsymbol{U}$: $\boldsymbol{Q}\boldsymbol{T}\boldsymbol{Q}^T = \mathrm{g}(\boldsymbol{Q}\boldsymbol{R}\boldsymbol{U})$, e escolhemos $\boldsymbol{Q} = \boldsymbol{R}^T$:

$$\boldsymbol{R}^T\boldsymbol{T}\boldsymbol{R} = \mathrm{g}(\boldsymbol{U}) \ .$$

Finalmente, multiplicamos, à esquerda, por $\boldsymbol{R}$ e, à direita, por $\boldsymbol{R}^T$:

$$\boldsymbol{T} = \boldsymbol{R}\mathrm{g}(\boldsymbol{U})\boldsymbol{R}^T. \quad \square$$

Capítulo 19

Elasticidade (II)

Dentre as inúmeras equações elásticas que se podem escrever, escolhemos, como exemplo, três que têm a mesma forma ou quase a mesma forma:

$$\boldsymbol{T} = \Lambda \mathrm{tr}(\boldsymbol{V} - \boldsymbol{I})\boldsymbol{I} + 2G(\boldsymbol{V} - \boldsymbol{I}),$$
$$\boldsymbol{S} = \boldsymbol{R}[\Lambda \mathrm{tr}(\boldsymbol{U} - \boldsymbol{I})\boldsymbol{I} + 2G(\boldsymbol{U} - \boldsymbol{I})],$$
$$\boldsymbol{\Sigma} = \Lambda(\mathrm{tr}\tilde{\boldsymbol{E}})\boldsymbol{I} + 2G\tilde{\boldsymbol{E}}.$$

Nelas estão presentes os módulos de Lamé, Λ e G, duas constantes características de cada material, com dimensão física de tensão. É importante, em primeiro lugar, perceber que todas são casos particulares da equação elástica geral:

$$\boldsymbol{T} = \mathbf{g}(\boldsymbol{F})$$

(capítulo anterior). Para isso basta exprimir, em função de $\boldsymbol{F}$, as matrizes de deformação que aparecem do lado direito, e, em função de $\boldsymbol{F}$ e $\boldsymbol{T}$, as matrizes de tensões de Piola-Kirchhoff que figuram do lado esquerdo.

Para julgar se são objetivas, questão importante, temos à disposição o primeiro teorema demonstrado no capítulo anterior, a respeito da função $\mathbf{g}$, especialmente útil na teoria geral das equações elásticas. Mas o caminho mais simples, quando se trata de examinar a objetividade de uma equação em particular, é a verificação direta, isto é, será objetiva se $\boldsymbol{T} = \mathbf{g}(\boldsymbol{F})$ implicar $\boldsymbol{T}^* = \mathbf{g}(\boldsymbol{F}^*)$ (ver a demonstração, parte (b), no capítulo 18 ou o penúltimo parágrafo do capítulo 16).

Já conhecemos, pelo estudo desenvolvido nos capítulos 15 e 16, as fórmulas de transformação, perante mudança de observador, para as matrizes de deformação e para a matriz das tensões de Cauchy. Faltam-nos, entretanto, as fórmulas de transformação para as matrizes de tensões de Piola-Kirchhoff, que são definidas (capítulo 17) por $\boldsymbol{S} := \boldsymbol{T}\,\mathrm{cof}\boldsymbol{F}$ e $\boldsymbol{\Sigma} := \boldsymbol{F}^{-1}\boldsymbol{S}$.

Teorema: $\boldsymbol{S}^* = \boldsymbol{QS}$, $\boldsymbol{\Sigma}^* = \boldsymbol{\Sigma}$.

Demonstração: partimos de $\boldsymbol{S}^* = \boldsymbol{T}^*\mathrm{cof}\boldsymbol{F}^*$ e nesta introduzimos $\boldsymbol{T}^* = \boldsymbol{QTQ}^T$, $\mathrm{cof}\boldsymbol{F}^* = (\det \boldsymbol{F}^*)\boldsymbol{F}^{*-T}$ e $\boldsymbol{F}^* = \boldsymbol{QF}$.

Resulta: $\boldsymbol{S}^* = \boldsymbol{QTQ}^T(\det \boldsymbol{QF})\boldsymbol{QF}^{-T} = (\det \boldsymbol{F})\boldsymbol{QTF}^{-T} = \boldsymbol{QT}\mathrm{cof}\boldsymbol{F} = \boldsymbol{QS}$.

Tomamos agora $\boldsymbol{\Sigma}^* = \boldsymbol{F}^{*-1}\boldsymbol{S}^*$ e nela introduzimos $\boldsymbol{F}^* = \boldsymbol{QF}$ e $\boldsymbol{S}^* = \boldsymbol{QS}$. Obtemos $\boldsymbol{\Sigma}^* = \boldsymbol{F}^{-1}\boldsymbol{Q}^T\boldsymbol{QS} = \boldsymbol{\Sigma}$. □

Voltemos agora às três equações elásticas apresentadas no início deste capítulo. Para concluir que são objetivas, devemos fazer o seguinte.

A primeira: multiplicamos à esquerda por $\boldsymbol{Q}$ e à direita por $\boldsymbol{Q}^T$, levamos em conta $\boldsymbol{T}^* = \boldsymbol{QTQ}^T$, $\boldsymbol{V}^* = \boldsymbol{RVR}^T$ e $\mathrm{tr}(\boldsymbol{RVR}^T) = \mathrm{tr}(\boldsymbol{V})$, e obtemos

$$\boldsymbol{T}^* = \Lambda\mathrm{tr}(\boldsymbol{V}^* - \boldsymbol{I})\boldsymbol{I} + 2G(\boldsymbol{V}^* - \boldsymbol{I}).$$

A segunda: multiplicamos os seus dois membros, à esquerda, por $\boldsymbol{Q}$, levamos em conta $\boldsymbol{S}^* = \boldsymbol{QS}$, $\boldsymbol{R}^* = \boldsymbol{QR}$ e $\boldsymbol{U}^* = \boldsymbol{U}$, e obtemos

$$\boldsymbol{S}^* = \boldsymbol{R}^*[\Lambda\mathrm{tr}(\boldsymbol{U}^* - \boldsymbol{I})\boldsymbol{I} + 2G(\boldsymbol{U}^* - \boldsymbol{I})].$$

A terceira: levamos em conta $\boldsymbol{\Sigma}^* = \boldsymbol{\Sigma}$ e $\widetilde{\boldsymbol{E}}^* = \widetilde{\boldsymbol{E}}$, e obtemos

$$\boldsymbol{\Sigma}^* = \Lambda(\mathrm{tr}\tilde{\boldsymbol{E}}^*)\boldsymbol{I} + 2G\tilde{\boldsymbol{E}}^*.$$

Por último, consideremos a equação dos materias elásticos lineares:

$$\boldsymbol{T} = \Lambda(\mathrm{tr}\boldsymbol{E})\boldsymbol{I} + 2G\boldsymbol{E},$$

cuja forma é a mesma das três equações anteriores. Esta, porém, não é objetiva, pois $\boldsymbol{T}^* = \boldsymbol{QTQ}^T$, e $\boldsymbol{E}^*$ é, em geral, diferente de $\boldsymbol{QEQ}^T$ (ver a última equação do capítulo 15). (Também não são objetivas as equações que estudaremos em Plasticidade e Viscoelasticidade)

Capítulo 20

Plasticidade (I)

Sejam σ_1, σ_2 e σ_3 as tensões principais, isto é, os autovalores do tensor das tensões de Cauchy (elemento simétrico de $\mathcal{L}(\mathbf{R}^3)$), em certo ponto do corpo, em determinado instante. Definimos a *tensão octaédrica* por

$$o_o := \frac{\sigma_1+\sigma_2+\sigma_3}{3},$$

e as *tensões desviadoras principais*, σ_{d1}, σ_{d2} e σ_{d3}, por

$$\sigma_{di} = \sigma_i - \sigma_o.$$

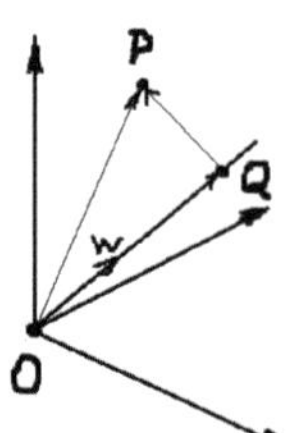

Consideremos um ponto $P = (\sigma_1, \sigma_2, \sigma_3)$, no espaço das tensões principais. A projeção do vetor

$$\overrightarrow{OP} = \begin{bmatrix} \sigma_1 \\ \sigma_2 \\ \sigma_3 \end{bmatrix}$$

sobre o versor do eixo hidrostático,

$$\mathbf{w} = \frac{1}{\sqrt{3}} \begin{bmatrix} 1 \\ 1 \\ 1 \end{bmatrix},$$

é o vetor

$$\overrightarrow{OQ} = (\overrightarrow{OP} \cdot \mathbf{w})\mathbf{w} = \begin{bmatrix} \sigma_o \\ \sigma_o \\ \sigma_o \end{bmatrix}.$$

Logo, $Q = (\sigma_o, \sigma_o, \sigma_o)$. O vetor $\overrightarrow{QP}$ é, portanto:

$$\overrightarrow{QP} = P - Q = \begin{bmatrix} \sigma_{d1} \\ \sigma_{d2} \\ \sigma_{d3} \end{bmatrix},$$

e a sua norma é a distância de P a Q:

$$\delta := \sqrt{\sigma_{d1}^2 + \sigma_{d2}^2 + \sigma_{d3}^2}.$$

Seja $\boldsymbol{T}$ a matriz das tensões de Cauchy (matriz do tensor das tensões na base canônica do $\mathbf{R}^3$). O seu traço, $\text{tr}\boldsymbol{T} := T_{11} + T_{22} + T_{33}$, é um invariante do tensor das tensões. Podemos então calculá-lo a partir da matriz do tensor das tensões numa base ortonormal constituída de autovetores (matriz diagonal em cuja diagonal principal figuram as tensões principais): resulta $\text{tr}\boldsymbol{T} = \sigma_1 + \sigma_2 + \sigma_3$. Portanto, a tensão octaédrica pode ser determinada por

$$\sigma_o = \frac{T_{11} + T_{22} + T_{33}}{3}$$

(logo não é preciso conhecer as tensões principais para se obter σ_o).

Definimos a *matriz das tensões desviadoras* (a matriz do tensor das tensões desviadoras na base canônica do $\mathbf{R}^3$) por

$$\boldsymbol{T_d} := \boldsymbol{T} - \sigma_o \boldsymbol{I},$$

matriz de traço nulo cujos autovalores são as tensões desviadoras principais. A sua norma, definida por

$$\|\boldsymbol{T_d}\| := \sqrt{\text{tr}(\boldsymbol{T_d^2})},$$

também é um invariante, pois é calculada através do traço. Escolhida uma base ortonormal de autovetores, relativamente a ela a matriz do tensor das tensões desviadoras será diagonal, constando na diagonal principal os autovalores; neste caso, calcula-se: $\|\boldsymbol{T_d}\| = \sqrt{\sigma_{d1}^2 + \sigma_{d2}^2 + \sigma_{d3}^2}$. Sendo assim:

$$\delta = \sqrt{\text{tr}(\boldsymbol{T_d^2})}$$

(logo não é preciso conhecer as tensões desviadoras principais para se obter δ).

Capítulo 21

Plasticidade (II)

Apresentaremos a seguir duas superfícies de plastificação importantes, cujas equações se escrevem em termos de δ e σ_o.

Superfície de Plastificação de von Mises: superfície cilíndrica de raio R, cujo eixo é o eixo hidrostático. Aplica-se a metais. O parâmetro R tem dimensão física de tensão.

Se P (capítulo anterior) pertence à superfície, então

$$\delta = R.$$

Se P se encontra no interior do cilindro (região denominada *domínio elástico*), então

$$\delta < R.$$

A teoria proíbe que P esteja na região exterior ao cilindro.

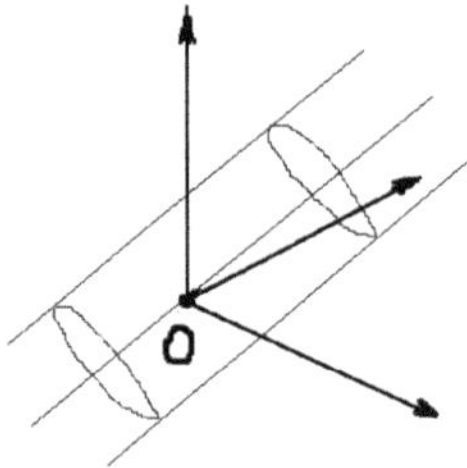

Superfície de plastificação de Drucker – Prager: superfície cônica, cujo eixo é o eixo hidrostático, com vértice no ponto $V = (v, v, v)$, $v \geq 0$, aberta no sentido dos estados hidrostáticos de compressão, com ângulo de abertura θ. Aplica-se a solos. O parâmetro v tem dimensão física de tensão.

Se P pertence à superfície, então

$$\delta = \sqrt{3}(v - \sigma_o)\text{tg}\theta$$

(a distância de V até Q é $\sqrt{3}(v - \sigma_o)$). Se P está no interior do cone (*domínio elástico*), então

$$\delta < \sqrt{3}(v - \sigma_o)\text{tg}\theta.$$

A teoria não permite que P esteja na região exterior ao cone.

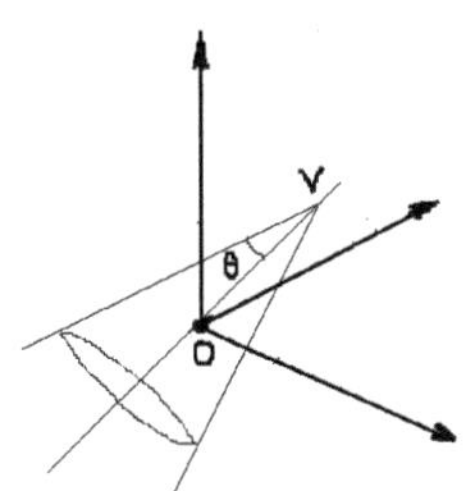

Capítulo 22

Plasticidade (III)

Começaremos, neste capítulo, o estudo do modelo elastoplástico de von Mises. (Outros modelos podem ser construídos, de forma análoga, sobre a mesma estrutura geral.) O seu primeiro elemento é a *função de plastificação*:

$$f : \mathbb{S}^3 \to \mathbb{R},\ f(\boldsymbol{T}) := \|\boldsymbol{T_d}\|.$$

Sendo R o raio do cilindro de von Mises (capítulo anterior), definimos agora, no espaço das matrizes das tensões, o *domínio elástico*:

$$\mathcal{D} := \{\boldsymbol{T} \in \mathbb{S}^3 / f(\boldsymbol{T}) < R\}$$

e a *superfície de plastificação*:

$$\mathcal{S} := \{\boldsymbol{T} \in \mathbb{S}^3 / f(\boldsymbol{T}) = R\},$$

superfície de nível R da função f, fronteira de $\mathcal{D}$. Em Plasticidade só há duas possibilidades: ou $\boldsymbol{T} \in \mathcal{D}$ ou $\boldsymbol{T} \in \mathcal{S}$.

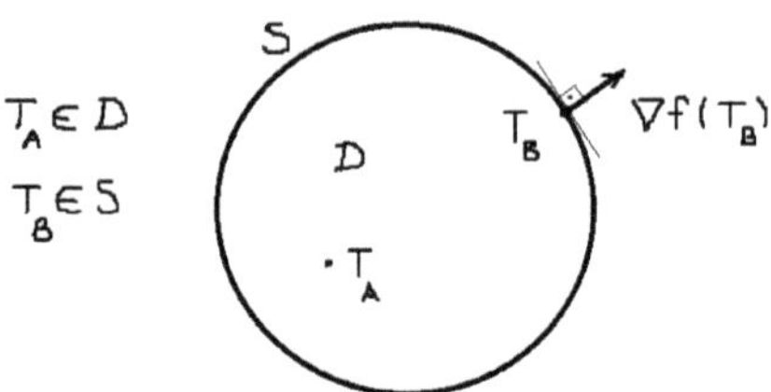

Claramente, $\boldsymbol{T} \in \mathcal{D}$ corresponde a $(\sigma_1, \sigma_2, \sigma_3)$ no interior do cilindro (*domínio elástico no espaço das tensões principais*), e $\boldsymbol{T} \in \mathcal{S}$ corresponde a $(\sigma_1, \sigma_2, \sigma_3)$ na superfície lateral do cilindro (*superfície de plastificação no espaço das tensões principais*).

O gradiente da função de plastificação (calculado em $\boldsymbol{T}$) , que desempenha papel importante na teoria, é a matriz 3×3, simétrica, definida para $\|\boldsymbol{T_d}\| \neq \mathbf{0}$, cujo coeficiente ij é a derivada parcial de f em relação ao coeficiente ij de $\boldsymbol{T}$ (calculada em $\boldsymbol{T}$):

$$\nabla f(\boldsymbol{T}) := \begin{bmatrix} D_{(11)}f(\boldsymbol{T}) & D_{(12)}f(\boldsymbol{T}) & D_{(13)}f(\boldsymbol{T}) \\ D_{(21)}f(\boldsymbol{T}) & D_{(22)}f(\boldsymbol{T}) & D_{(23)}f(\boldsymbol{T}) \\ D_{(31)}f(\boldsymbol{T}) & D_{(32)}f(\boldsymbol{T}) & D_{(33)}f(\boldsymbol{T}) \end{bmatrix}.$$

Com

$$f(\boldsymbol{T}) = \|\boldsymbol{T_d}\| = \sqrt{\mathrm{tr}(\boldsymbol{T_d^2})}$$

e

$$\boldsymbol{T_d} = \boldsymbol{T} - \tfrac{\mathrm{tr}\boldsymbol{T}}{3}\boldsymbol{I},$$

o cálculo das derivadas parciais leva a

$$\nabla f(\boldsymbol{T}) = \tfrac{\boldsymbol{T_d}}{\|\boldsymbol{T_d}\|}.$$

Para $\boldsymbol{T} \in S$:

$$\nabla f(\boldsymbol{T}) = \tfrac{\boldsymbol{T_d}}{R},$$

que é ortogonal a S em $\boldsymbol{T}$.

Capítulo 23

Plasticidade (IV)

Este capítulo apresenta as equações constitutivas que descrevem o comportamento do material elastoplástico. Consideremos, em primeiro lugar, as funções

$$\mathbf{E}, \mathbf{T_m} : \mathcal{B} \times \mathcal{I} \to \mathbb{S}^3$$

e as suas derivadas parciais em relação ao tempo (a quarta variável): $D_4\mathbf{E}$, $D_4\mathbf{T_m}$. As funções $\mathbf{E}$ e $\mathbf{T_m}$ associam a cada $(\mathbf{p}, t)$ a matriz linear de deformações, $\mathbf{E}(\mathbf{p}, t)$, e a matriz das tensões de Cauchy, $\mathbf{T_m}(\mathbf{p}, t)$ ($\mathbf{T_m}$ é a descrição material da tensão de Cauchy). Fixada a atenção em certo $(\mathbf{p}, t)$, introduzimos, por simplicidade: $\boldsymbol{E} := \mathbf{E}(\mathbf{p}, t)$, $\dot{\boldsymbol{E}} := D_4\mathbf{E}(\mathbf{p}, t)$, $\boldsymbol{T} := \mathbf{T_m}(\mathbf{p}, t)$, $\dot{\boldsymbol{T}} := D_4\mathbf{T_m}(\mathbf{p}, t)$. As equações constitutivas relacionam $\dot{\boldsymbol{T}}$, $\boldsymbol{T}$ e $\dot{\boldsymbol{E}}$.

Um elemento essencial da teoria é o *operador linear elástico*:

$$L : \mathbb{S}^3 \to \mathbb{S}^3,\ L(\boldsymbol{X}) := \Lambda(\mathrm{tr}\boldsymbol{X})\boldsymbol{I} + 2G\boldsymbol{X}.$$

Λ e G são os *módulos de Lamé* (constantes positivas com dimensão física de tensão). Três propriedades importantes de L são: L é inversível: $L^{-1} : \mathbb{S}^3 \to \mathbb{S}^3$,

$$L^{-1}(\boldsymbol{X}) := \tfrac{1}{2G}[\boldsymbol{X} - \tfrac{\Lambda}{3\Lambda+2G}(\mathrm{tr}\boldsymbol{X})\boldsymbol{I}];$$

L é simétrico: $L(\boldsymbol{X}) : \boldsymbol{Y} = \boldsymbol{X} : L(\boldsymbol{Y})$; L é positivo-definido: para $\boldsymbol{X} \neq \mathbf{0}$, $L(\boldsymbol{X}) : \boldsymbol{X} > 0$.

Vamos, a seguir, especificar o comportamento do material elastoplástico; são três os casos a examinar.

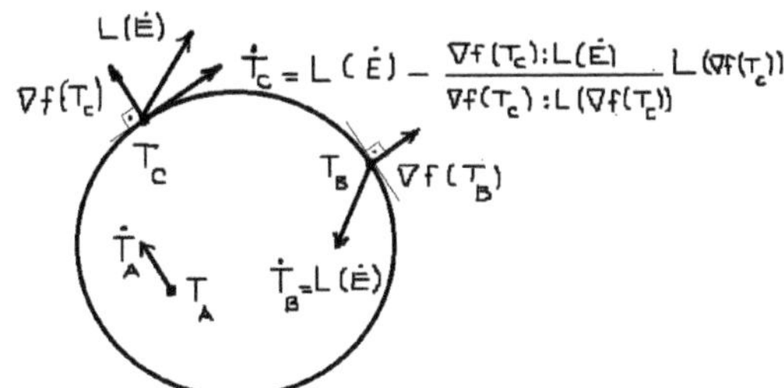

(A) Se $\boldsymbol{T} \in D$, então $\dot{\boldsymbol{T}} = L(\dot{\boldsymbol{E}})$.

(B) Se $\boldsymbol{T} \in S$ e $\nabla f(\boldsymbol{T}) : L(\dot{\boldsymbol{E}}) \leq 0$, então $\dot{\boldsymbol{T}} = L(\dot{\boldsymbol{E}})$.

Neste caso, $\nabla f(\boldsymbol{T}) : \dot{\boldsymbol{T}} = \nabla f(\boldsymbol{T}) : L(\dot{\boldsymbol{E}}) \leq 0$. Logo, $\dot{\boldsymbol{T}}$ se dirige para o interior de $\mathcal{D}$ ou é tangente a $\mathcal{S}$.

(C) Se $\boldsymbol{T} \in S$ e $\nabla f(\boldsymbol{T}) : L(\dot{\boldsymbol{E}}) > 0$, então

$$\dot{\boldsymbol{T}} = L(\dot{\boldsymbol{E}}) - \frac{\nabla f(\boldsymbol{T}):L(\dot{\boldsymbol{E}})}{\nabla f(\boldsymbol{T}):L(\nabla f(\boldsymbol{T}))} L(\nabla f(\boldsymbol{T}))$$

(o denominador é positivo, pois L é positivo-definido e, para $\boldsymbol{T} \in S$, $\nabla f(\boldsymbol{T}) \neq \boldsymbol{0}$). Neste caso, fazendo o produto escalar por $\nabla f(\boldsymbol{T})$, nos dois membros da equação acima, concluímos: $\nabla f(\boldsymbol{T}) : \dot{\boldsymbol{T}} = 0$. Ou seja, $\dot{\boldsymbol{T}}$ é ortogonal a $\nabla f(\boldsymbol{T})$ ($\dot{\boldsymbol{T}}$ é, portanto, tangente a S).

Em (A) e (B) a resposta é denominada elástica; em (C), elastoplástica.

Em (C) há uma situação especial, aquela em que $\dot{\boldsymbol{E}} = \alpha \nabla f(\boldsymbol{T})$, $\alpha > 0$. Substituindo $\dot{\boldsymbol{E}} = \alpha \nabla f(\boldsymbol{T})$ na equação para resposta elastoplástica, obtemos $\dot{\boldsymbol{T}} = \boldsymbol{0}$: a matriz das tensões permanece fixa; dizemos que ocorre *escoamento plástico*.

Quando a resposta é elastoplástica (C), definimos a parcela elástica ($\dot{\boldsymbol{E}}^e$) e a parcela elastoplástica ($\dot{\boldsymbol{E}}^p$) de $\dot{\boldsymbol{E}}$, por

$$\dot{\boldsymbol{E}}^e := L^{-1}(\dot{\boldsymbol{T}}),$$

$$\dot{\boldsymbol{E}}^p := \dot{\boldsymbol{E}} - \dot{\boldsymbol{E}}^e = \frac{\nabla f(\boldsymbol{T}):L(\dot{\boldsymbol{E}})}{\nabla f(\boldsymbol{T}):L(\nabla f(\boldsymbol{T}))} \nabla f(\boldsymbol{T})$$

($\dot{\boldsymbol{E}}^p$ é múltiplo de $\nabla f(\boldsymbol{T})$).

No escoamento plástico, sendo $\dot{\boldsymbol{T}} = \boldsymbol{0}$, também será $\dot{\boldsymbol{E}}^e = \boldsymbol{0}$, e, conseqüentemente, $\dot{\boldsymbol{E}} = \dot{\boldsymbol{E}}^p$. Logo, $\dot{\boldsymbol{E}}$ é puramente plástico.

Capítulo 24

Plasticidade (V)

Se substituirmos

$$\nabla f(\boldsymbol{T}) = \frac{\boldsymbol{T_d}}{R}$$

nas equações gerais do capítulo anterior, obteremos as equações do *modelo de von Mises*.

Vejamos novamente os três casos (A), (B) e (C), tendo em vista este particular modelo. (Lembremos que $L(\dot{\boldsymbol{E}}) = \Lambda(\text{tr}\dot{\boldsymbol{E}})\boldsymbol{I} + 2G\dot{\boldsymbol{E}}$.)

(A) Se $\boldsymbol{T} \in D$, então $\dot{\boldsymbol{T}} = \Lambda(\text{tr}\dot{\boldsymbol{E}})\boldsymbol{I} + 2G\dot{\boldsymbol{E}}$.

(B) Se $\boldsymbol{T} \in S$ e $\boldsymbol{T_d} : \dot{\boldsymbol{E}} \leq 0$, então $\dot{\boldsymbol{T}} = \Lambda(\text{tr}\dot{\boldsymbol{E}})\boldsymbol{I} + 2G\dot{\boldsymbol{E}}$.

(C) Se $\boldsymbol{T} \in S$ e $\boldsymbol{T_d} : \dot{\boldsymbol{E}} > 0$, então

$\dot{\boldsymbol{T}} = \Lambda tr(\dot{\boldsymbol{E}})\boldsymbol{I} + 2G(\dot{\boldsymbol{E}})\text{-}\frac{2G}{R^2}(\boldsymbol{T_d} : \dot{\boldsymbol{E}})\boldsymbol{T_d}$.

No caso (C):

$$\dot{\boldsymbol{E}}^{\boldsymbol{e}} = \frac{1}{2G}[\dot{\boldsymbol{T}} - \frac{\Lambda}{3\Lambda+2G}(\text{tr}\dot{\boldsymbol{T}})\boldsymbol{I}],$$
$$\dot{\boldsymbol{E}}^{\boldsymbol{p}} = \frac{\boldsymbol{T_d}:\dot{\boldsymbol{E}}}{R^2}\boldsymbol{T_d}\ .$$

De volta ao caso geral, consideremos o produto interno

$$g : \mathbb{S}^3 \times \mathbb{S}^3 \to \mathbb{R},\ g(\boldsymbol{X}, \boldsymbol{Y}) := \boldsymbol{X} : L(\boldsymbol{Y}).$$

As desigualdades que identificam os casos (B) e (C) do capítulo anterior podem ser escritas com o auxílio de g.

No caso (B):

$$\nabla f(\boldsymbol{T}) : L(\dot{\boldsymbol{E}}) = g(\nabla f(\boldsymbol{T}), \dot{\boldsymbol{E}}) \leq 0.$$

No caso (C):

$$\nabla f(\boldsymbol{T}) : L(\dot{\boldsymbol{E}}) = g(\nabla f(\boldsymbol{T}), \dot{\boldsymbol{E}}) > 0.$$

Logo, relativamente a g, o ângulo entre $\nabla f(\boldsymbol{T})$ e $\dot{\boldsymbol{E}}$ é obtuso ou reto no caso (B) e é agudo no caso (C).

Também na equação que define $\dot{\boldsymbol{E}}^{\boldsymbol{p}}$ podemos introduzir g:

$$\dot{\boldsymbol{E}}^{\boldsymbol{p}} = \frac{g(\nabla f(\boldsymbol{T}), \dot{\boldsymbol{E}})}{g(\nabla f(\boldsymbol{T}), \nabla f(\boldsymbol{T}))} \nabla f(\boldsymbol{T}).$$

$\dot{\boldsymbol{E}}^{\boldsymbol{p}}$ é, portanto, a projeção ortogonal de $\dot{\boldsymbol{E}}$ sobre $\nabla f(\boldsymbol{T})$, relativamente ao produto interno g. (No denominador está o quadrado da norma de $\nabla f(\boldsymbol{T})$, relativamente a g.)

Capítulo 25

Viscoelasticidade (I)

Apresentaremos, neste capítulo, dois modelos viscoelásticos simples. Antes de tratar de Vicoelasticidade, porém, voltemos brevemente à equação constitutiva da Elasticidade Linear:

$$\boldsymbol{T} = \Lambda(\mathrm{tr}\boldsymbol{E})\boldsymbol{I} + 2G\boldsymbol{E}.$$

(Assim como no capítulo 23, fixada a atenção em certo $(\mathbf{p}, t)$, usaremos, por simplicidade, os simbolos: $\boldsymbol{E} := \mathbf{E}(\mathbf{p}, t)$, $\dot{\boldsymbol{E}} := D_4\mathbf{E}(\mathbf{p}, t)$, $\boldsymbol{T} := \mathbf{T_m}(\mathbf{p}, t)$, $\dot{\boldsymbol{T}} := D_4\mathbf{T_m}(\mathbf{p}, t)$.)

As partes esférica e desviadora (ou anti-esférica) de uma matriz $\boldsymbol{A} \in \mathbb{M}^3$ são definidas, respectivamente, por

$$\boldsymbol{A_e} := \tfrac{tr\boldsymbol{A}}{3}\boldsymbol{I},$$

$$\boldsymbol{A_d} := \boldsymbol{A} - \boldsymbol{A_e}.$$

Se calcularmos as partes esférica e desviadora dos dois membros de $\boldsymbol{T} = \Lambda(\mathrm{tr}\boldsymbol{E})\boldsymbol{I} + 2G\boldsymbol{E}$, concluiremos que esta equivale a um par de equações que relacionam as partes esférica e desviadora de $\boldsymbol{T}$ e $\boldsymbol{E}$:

$$\boldsymbol{T_e} = 3K\boldsymbol{E_e},$$

$$\boldsymbol{T_d} = 2G\boldsymbol{E_d},$$

em que $K := \frac{3\Lambda + 2G}{3}$ é o módulo volumétrico. Sendo assim, a parte esférica de $\boldsymbol{E}$ (cujo traço mede aproximadamente a deformação volumétrica) determina a parte esférica de $\boldsymbol{T}$, e a parte desviadora de $\boldsymbol{E}$ (com a qual se medem aproximadamente distorções) determina a parte desviadora de $\boldsymbol{T}$. Em termos das derivadas em relação ao tempo, temos, depois de isoladas do lado esquerdo as velocidades de deformação:

$$\dot{\boldsymbol{E}}_{\boldsymbol{e}} = \tfrac{1}{3K}\dot{\boldsymbol{T}}_{\boldsymbol{e}},$$

$$\dot{\boldsymbol{E}}_{\boldsymbol{d}} = \tfrac{1}{2G}\dot{\boldsymbol{T}}_{\boldsymbol{d}}.$$

Veremos a seguir que, modificando algumas das equações acima, conseguiremos construir dois modelos viscoelásticos simples.

Para obter a equação do *modelo de Maxwell*, mantemos a equação $\dot{\boldsymbol{E}}_{\boldsymbol{e}} = \frac{1}{3K}\dot{\boldsymbol{T}}_{\boldsymbol{e}}$ e acrescentamos, do lado direito de $\dot{\boldsymbol{E}}_{\boldsymbol{d}} = \frac{1}{2G}\dot{\boldsymbol{T}}_{\boldsymbol{d}}$, uma parcela responsável por fenômenos viscosos.

Modelo de Maxwell

$$\dot{\boldsymbol{E}}_{\boldsymbol{e}} = \frac{1}{3K}\dot{\boldsymbol{T}}_{\boldsymbol{e}},$$

$$\dot{\boldsymbol{E}}_{\boldsymbol{d}} = \frac{1}{2G}\dot{\boldsymbol{T}}_{\boldsymbol{d}} + \frac{1}{2\eta}\boldsymbol{T}_{\boldsymbol{d}},$$

em que η é o *coeficiente de viscosidade* (constante positiva com dimensão física de tensão vezes tempo).

Somando $\dot{\boldsymbol{E}}_{\boldsymbol{e}}$ com $\dot{\boldsymbol{E}}_{\boldsymbol{d}}$, obtemos

$$\dot{\boldsymbol{E}} = \frac{1}{3K}\dot{\boldsymbol{T}}_{\boldsymbol{e}} + \frac{1}{2G}\dot{\boldsymbol{T}}_{\boldsymbol{d}} + \frac{1}{2\eta}\boldsymbol{T}_{\boldsymbol{d}}.$$

Para construir o *modelo de Kelvin – Voigt*, conservamos a equação $\boldsymbol{T}_{\boldsymbol{e}} = 3K\boldsymbol{E}_{\boldsymbol{e}}$, e acrescentamos, do lado direito de $\boldsymbol{T}_{\boldsymbol{d}} = 2G\boldsymbol{E}_{\boldsymbol{d}}$, uma parcela de caráter viscoso.

Modelo de Kelvin – Voigt

$$\boldsymbol{T}_{\boldsymbol{e}} = 3K\boldsymbol{E}_{\boldsymbol{e}},$$

$$\boldsymbol{T}_{\boldsymbol{d}} = 2G\boldsymbol{E}_{\boldsymbol{d}} + 2\eta\dot{\boldsymbol{E}}_{\boldsymbol{d}}.$$

Somando $\boldsymbol{T}_{\boldsymbol{e}}$ com $\boldsymbol{T}_{\boldsymbol{d}}$, chegamos a

$$\boldsymbol{T} = 3K\boldsymbol{E}_{\boldsymbol{e}} + 2G\boldsymbol{E}_{\boldsymbol{d}} + 2\eta\dot{\boldsymbol{E}}_{\boldsymbol{d}}.$$

Está claro que, nestes dois modelos, a viscosidade só afeta a relação entre as partes desviadoras de $\boldsymbol{E}$ e de $\boldsymbol{T}$.

Capítulo 26

Viscoelasticidade (II)

Um corpo executa, no intervalo de tempo $(-\infty, \infty)$, um movimento de cisalhamento puro em que a matriz linear de deformações (em $(\mathbf{p}, t)$) é

$$\mathbf{E}(\mathbf{p}, t) = \begin{bmatrix} 0 & 0 & 0 \\ 0 & 0 & \gamma(t)/2 \\ 0 & \gamma(t)/2 & 0 \end{bmatrix}$$

($\gamma(t)$: distorção), e a matriz das tensões é

$$\mathbf{T_m}(\mathbf{p}, t) = \begin{bmatrix} 0 & 0 & 0 \\ 0 & 0 & \tau(t) \\ 0 & \tau(t) & 0 \end{bmatrix}$$

($\tau(t)$: tensão cisalhante).

No instante $t = 0$, são conhecidas a tensão cisalhante e a distorção: $\tau(0) = \tau_0$, $\gamma(0) = \gamma_0$, ambas positivas.

Essas matrizes, se colocadas na equação do modelo de Maxwell,

$$\dot{\boldsymbol{E}} = \tfrac{1}{3K}\dot{\boldsymbol{T}}_{\boldsymbol{e}} + \tfrac{1}{2G}\dot{\boldsymbol{T}}_{\boldsymbol{d}} + \tfrac{1}{2\eta}\boldsymbol{T}_{\boldsymbol{d}},$$

levam a

$$\dot{\gamma}(t) = \tfrac{\dot{\tau}(t)}{G} + \tfrac{\tau(t)}{\eta}.$$

Estudaremos a seguir, neste exemplo em particular, e com o modelo de Maxwell, os fenômenos de *fluência* (evolução da deformação sob tensão constante) e *relaxação* (evolução da tensão sob deformação constante), característicos de materiais viscoelásticos.

Fluência

Para examinar a fluência, suponhamos que, a partir de $t = 0$, a tensão cisalhante seja mantida com valor τ_0. Logo, em $(0, \infty)$, $\tau(t) = \tau_0$ e $\dot{\tau}(t) = 0$.

De

$$\dot{\gamma}(t) = \frac{\dot{\tau}(t)}{G} + \frac{\tau(t)}{\eta},$$

$\tau(t) = \tau_0$ e $\dot{\tau}(t) = 0$, chegamos a

$$\dot{\gamma}(t) = \frac{\tau_0}{\eta}.$$

Portanto, a distorção cresce a velocidade constante (velocidade pequena se for grande o coeficiente de viscosidade). Com a condição inicial $\gamma(0) = \gamma_0$:

$$\gamma(t) = \gamma_0 + \frac{\tau_0}{\eta}t.$$

Para t tendendo a infinito, também $\gamma(t)$ tende a infinito (fluência ilimitada).

Relaxação

Admitamos agora que, de $t = 0$ em diante, a distorção seja mantida com valor γ_0. Portanto, em $(0, \infty)$, $\dot{\gamma}(t) = 0$.

Introduzindo $\dot{\gamma}(t) = 0$ em

$$\dot{\gamma}(t) = \frac{\dot{\tau}(t)}{G} + \frac{\tau(t)}{\eta},$$

obtemos

$$0 = \frac{\dot{\tau}(t)}{G} + \frac{\tau(t)}{\eta},$$

cuja solução, com a condição inicial $\tau(0) = \tau_0$, é

$$\tau(t) = \tau_0 \exp(-\frac{G}{\eta}t).$$

A tensão cisalhante cai exponencialmente (relaxação em direção à tensão cisalhante nula, à medida que t tende a infinito). Valores baixos do quociente $\frac{G}{\eta}$ (baixo módulo de cisalhamento, alto coeficiente de viscosidade) estão associados a uma lenta queda da tensão cisalhante.

Capítulo 27

Viscoelasticidade (III)

Continuaremos aqui o breve estudo de fluência e relaxação iniciado no capítulo anterior. Estudaremos agora o comportamento do modelo de Kelvin-Voigt no cisalhamento puro.

Introduzindo as matrizes de deformações e de tensões do cisalhamento puro (capítulo anterior) na equação do modelo de Kelvin-Voigt,

$$\boldsymbol{T} = 3K\boldsymbol{E_e} + 2G\boldsymbol{E_d} + 2\eta\dot{\boldsymbol{E}}_{\boldsymbol{d}},$$

obtemos

$$\tau(t) = G\gamma(t) + \eta\dot{\gamma}(t).$$

Relembremos que, em $t = 0$, são conhecidas a tensão cisalhante e a distorção, sendo as duas positivas: $\tau(0) = \tau_0$, $\gamma(0) = \gamma_0$. Para analisar a fluência, imporemos valor constante de $\tau(t)$, para $t \geqslant 0$. E para o estudo da relaxação, é $\gamma(t)$ que permanecerá a mesma, para $t \geqslant 0$.

Fluência

Em $(0, \infty)$, $\tau(t) = \tau_0$ e $\dot{\tau}(t) = 0$. De

$$\tau(t) = G\gamma(t) + \eta\dot{\gamma}(t)$$

e $\tau(t) = \tau_0$, decorre

$$\tau_0 = G\gamma(t) + \eta\dot{\gamma}(t),$$

cuja solução, com a condição inicial $\gamma(0) = \gamma_0$, é

$$\gamma(t) = \tfrac{\tau_0}{G}[1 - \exp(-\tfrac{G}{\eta}t)] + \gamma_0 \exp(-\tfrac{G}{\eta}t).$$

Sabemos que a distorção vale, inicialmente, γ_0. A primeira parcela do lado direito cresce com o tempo, a partir de 0, e tende a $\frac{\tau_0}{G}$, à medida que t tende a infinito, enquanto a segunda decresce, a partir de γ_0, e tende a 0, à medida que t tende a infinito. Assim, à medida que t tende a infinito, $\gamma(t)$ tende a $\frac{\tau_0}{G}$ (fluência limitada). No caso simples em que $\gamma_0 = 0$, $\gamma(t)$ cresce monotonicamente. Claro que, se $\frac{\tau_0}{G} = \gamma_0$, então $\gamma(t) = \gamma_0$.

A velocidade de distorção,

$$\dot{\gamma}(t) = \frac{G}{\eta}(\frac{\tau_0}{G} - \gamma_0)[1 - \exp(-\frac{G}{\eta}t)],$$

é positiva e cai com o tempo, se $\frac{\tau_0}{G} > \gamma_0$; é nula, se $\frac{\tau_0}{G} = \gamma_0$; é negativa, se $\frac{\tau_0}{G} < \gamma_0$. Valores baixos do quociente $\frac{G}{\eta}$ (baixo módulo de cisalhamento, alto coeficiente de viscosidade) correspondem a velocidades de distorção que, em módulo, são também baixas.

Relaxação

Em $(0, \infty)$, $\dot{\gamma}(t) = 0$. Notaremos que, neste caso, a função τ será descontínua em $t = 0$. Definimos

$$\tau_0 := \lim_{t \to 0^-} \tau(t).$$

Suponhamos que, à medida que t tende a 0 pela esquerda, $\dot{\gamma}(t)$ tende a um valor $v > 0$, e, portanto, segundo a equação

$$\tau(t) = G\gamma(t) + \eta\dot{\gamma}(t),$$

$\tau(t)$ tende a $G\gamma_0 + \eta v$. Logo:

$$\tau_0 = G\gamma_0 + \eta v.$$

Para estudar a relaxação que ocorre após $t = 0$, devemos introduzir $\gamma(t) = \gamma_0$ e $\dot{\gamma}(t) = 0$ em $\tau(t) = G\gamma(t) + \eta\dot{\gamma}(t)$. Resulta, evidentemente:

$$\tau(t) = G\gamma_0.$$

Isto é: a tensão cisalhante cai bruscamente de $\tau_0 = G\gamma_0 + \eta v$ (valor em $t = 0$) para $\tau(t) = G\gamma_0$, valor constante em $(0, \infty)$.

Apêndice A

Invariantes

(1) Teorema: Para $\boldsymbol{K}, \boldsymbol{L} \in \mathbb{M}^3$: $\operatorname{tr}(\boldsymbol{KL}) = \operatorname{tr}(\boldsymbol{LK})$ e $\det(\boldsymbol{KL}) = \det(\boldsymbol{LK})$.

(2) Definição: Os *invariantes principais* de $\boldsymbol{A} \in \mathbb{M}^3$ são

$$\iota_1(\boldsymbol{A}) := \operatorname{tr}\boldsymbol{A},$$
$$\iota_2(\boldsymbol{A}) := \tfrac{1}{2}[(\operatorname{tr}\boldsymbol{A})^2 - \operatorname{tr}\boldsymbol{A^2}] = \operatorname{tr}(\operatorname{cof}\boldsymbol{A}),$$
$$\iota_3(\boldsymbol{A}) := \det \boldsymbol{A}.$$

E o polinômio característico de $\boldsymbol{A}$ é

$$\det(\boldsymbol{A} - \omega\boldsymbol{I}) = (-\omega)^3 + \iota_1(A)(-\omega)^2 + \iota_2(A)(-\omega) + \iota_3(\boldsymbol{A}).$$

(3) Teorema: Se $A \in \mathcal{L}(\mathbf{R^3})$ é o operador linear cuja matriz em certa base (base 1) é a matriz $\boldsymbol{A}$, se $\boldsymbol{G}$ é a matriz de A numa outra base (base 2), e se $\boldsymbol{M}$ é a matriz de mudança da base 1 para a base 2 (de modo que $\boldsymbol{G} = \boldsymbol{M}^{-1}\boldsymbol{AM}$), então os invariantes principais de $\boldsymbol{G}$ são iguais aos de $\boldsymbol{A}$ (Diante disso, define-se: os invariantes principais de A são os invariantes principais de qualquer uma das suas matrizes.) Os autovalores de $\boldsymbol{A}$, isto é, as raízes de $\det(\boldsymbol{A} - \omega\boldsymbol{I}) = 0$, são os mesmos de $\boldsymbol{G}$. (Definição: os autovalores de A são os autovalores de qualquer uma das suas matrizes.)

(4) Definição: Um operador linear $S \in \mathcal{L}(\mathbf{R^3})$ é dito simétrico, se a sua matriz, em qualquer base ortonormal, é simétrica.

(5) Teorema: Se $S \in \mathcal{L}(\mathbf{R^3})$ é simétrico, então existe uma base ortonormal formada por autovetores deste operador linear; e nesta base, a sua matriz $\boldsymbol{S}$ é diagonal, figurando na diagonal principal os seus autovalores. Os invariantes principais de $\boldsymbol{S}$ (e, portanto, de S) podem ser expressos em função dos autovalores μ_1, μ_2 e μ_3, segundo as expressões:

$$\iota_1(\boldsymbol{S}) = \mu_1 + \mu_2 + \mu_3,$$
$$\iota_2(\boldsymbol{S}) = \mu_1\mu_2 + \mu_1\mu_3 + \mu_2\mu_3,$$
$$\iota_3(\boldsymbol{S}) = \mu_1\mu_2\mu_3.$$

(6) Definição: O produto escalar de duas matrizes $\boldsymbol{X}, \boldsymbol{Y} \in \mathbb{M}^3$ é definido por

$$\boldsymbol{X} : \boldsymbol{Y} := \mathrm{tr}(\boldsymbol{X^T}\boldsymbol{Y}).$$

A norma (euclidiana) de $\boldsymbol{Z} \in \mathbb{M}^3$ é

$$\|\boldsymbol{Z}\| := \sqrt{\boldsymbol{Z} : \boldsymbol{Z}}\ .$$

(7) Teorema: Sejam $X, Y \in \mathcal{L}(\mathbf{R^3})$ os operadores lineares cujas matrizes em certa base ortonormal (base I) são $\boldsymbol{X}$ e $\boldsymbol{Y}$. Em outra base ortonormal (base II) as matrizes de X e Y são $\boldsymbol{N} = \boldsymbol{Q^T}\boldsymbol{X}\boldsymbol{Q}$ e $\boldsymbol{P} = \boldsymbol{Q^T}\boldsymbol{Y}\boldsymbol{Q}$, em que $\boldsymbol{Q} \in \mathbb{O}^3$ é a matriz ortogonal de mudança da base I para a base II. Então:

$$\boldsymbol{N} : \boldsymbol{P} = \boldsymbol{X} : \boldsymbol{Y}$$

e

$$\|\boldsymbol{N}\| = \|\boldsymbol{X}\|.$$

(Definição: o produto escalar de X e Y é o produto escalar das suas matrizes em uma base ortonormal qualquer, e a a norma de X é a norma da sua matriz em uma base ortonormal qualquer.)

Apêndice B

Equação diferencial do movimento

Na equação diferencial do movimento:

$$\mathrm{div}\mathbf{T} + \mathbf{b_s} = \rho\mathbf{a},$$

figuram as seguintes funções espaciais - isto é, funções cujo domínio é

$$\{(\mathbf{x}, t) \in \mathbb{R}^4 / \, t \in \mathcal{I}, \mathbf{x} = \chi(\mathbf{p}, t), \mathbf{p} \in \mathcal{B}\}\text{-:}$$

$\mathbf{T}$ (tensão de Cauchy), $\mathbf{b_s}$ (densidade volumétrica de força), ρ (densidade), $\mathbf{a}$ (aceleração). Deduziremos abaixo uma versão material desta equação, importante em Elasticidade. Nela estará presente a função $\mathbf{S}$ que, a cada $(\mathbf{p}, t)$, associa a primeira matriz de tensões de Piola-Kirchhoff. Também estarão presentes outras funções materiais: $\mathbf{b_m}$ (densidade volumétrica de força), $\mathbf{a_m}$ (aceleração), $\mathbf{b_0} := \mathbf{b_m}\mathrm{det}\mathbf{F}$ (estas com domínio $\mathcal{B} \times \mathcal{I}$) e ρ_0 (densidade na configuração de referência, com domínio $\mathcal{B}$).

Teorema : $(\mathrm{div}\mathbf{S})(\mathbf{p}, t) + \mathbf{b_0}(\mathbf{p}, t) = \rho_0(\mathbf{p})\mathbf{a_m}(\mathbf{p}, t)$.

Demonstração :

(a) Partimos de $\mathrm{div}\mathbf{T} + \mathbf{b_s} = \rho\mathbf{a}$, e calculamos as funções em $(\mathbf{x}, t)$:

$$(\mathrm{div}\mathbf{T})(\mathbf{x}, t) + \mathbf{b}(\mathbf{x}, t) = \rho(\mathbf{x}, t)\mathbf{a}(\mathbf{x}, t).$$

Para $\mathbf{x} = \chi(\mathbf{p}, t)$: $\mathbf{a}(\mathbf{x}, t) = \mathbf{a_m}(\mathbf{p}, t)$, $\rho(\mathbf{x}, t) = \rho_m(\mathbf{p}, t))$, $\mathbf{b_s}(\mathbf{x}, t) = \mathbf{b_m}(\mathbf{p}, t)$. Logo:

$$(\mathrm{div}\mathbf{T})(\mathbf{x}, t) + \mathbf{b_m}(\mathbf{p}, t) = \rho_m(\mathbf{p}, t)\mathbf{a_m}(\mathbf{p}, t).$$

(b) Multiplicamos ambos os membros da equação acima por $\det\mathbf{F}(\mathbf{p},t)$, levamos em conta a equação da continuidade na forma material:

$$\rho_0(\mathbf{p}) = \rho_m(\mathbf{p},t)\det\mathbf{F}(\mathbf{p},t),$$

e introduzimos $\mathbf{b_0}(\mathbf{p},t) := \mathbf{b_m}(\mathbf{p},t)\det\mathbf{F}(\mathbf{p},t)$. Chegamos assim a

$$(\mathrm{div}\mathbf{T})(\mathbf{x},t)\det\mathbf{F}(\mathbf{p},t) + \mathbf{b_0}(\mathbf{p},t) = \rho_0(\mathbf{p})\mathbf{a_m}(\mathbf{p},t).$$

(c) Calculamos $\mathrm{div}\mathbf{S}$, a partir de $\mathbf{S} = \mathbf{T_m}\mathrm{cof}\mathbf{F}$: $\mathrm{div}\mathbf{S} = \mathrm{div}(\mathbf{T_m}\mathrm{cof}\mathbf{F})$, que se transforma numa longa expressão vetorial, não escrita aqui, na qual aparecem as derivadas parciais dos coeficientes de $\mathbf{T_m}$ e de $\mathbf{F}$.

(d) Seja $\psi : \mathcal{B}\times\mathcal{I}\to\mathbb{R}^4$, $\psi(\mathbf{p},t) := (\mathbf{x},t) = (\chi(\mathbf{p},t),t)$. Mas $\mathbf{T_m} = \mathbf{T}\circ\psi$ ou, em termos dos coeficientes: $(\mathbf{T_m})_{ij} = T_{ij}\circ\psi$. Calculamos as derivadas parciais:

$$(D_k(\mathbf{T_m})_{ij})(\mathbf{p},t) = (D_k(T_{ij}\circ\psi))(\mathbf{p},t) = \sum_r (D_r T_{ij})(\mathbf{x},t)F_{rk}(\mathbf{p},t),$$

e conseguimos assim exprimir as derivadas parciais dos coeficentes de $\mathbf{T_m}$ em função das derivadas parciais dos coeficentes de $\mathbf{T}$. Voltamos à expressão obtida em (c) e obtemos

$$(\mathrm{div}\mathbf{S})(\mathbf{p},t) := \det\mathbf{F}(\mathbf{p},t)(\mathrm{div}\mathbf{T})(\mathbf{x},t),$$

a qual, finalmente, substituímos na última equação do passo (b). □

Vejamos, para terminar, qual é a interpretação física de $\mathbf{b_0}$. No capítulo 4 concluímos que $\nu = \mu\det\boldsymbol{F}$, sendo μ o volume do paralelepípedo $(\mathbf{p},\mathbf{b},\mathbf{c},\mathbf{d})$ e ν o volume do paralelepípedo $(\mathbf{x},\mathbf{f},\mathbf{g},\mathbf{h})$ (ver figura no capítulo 4). Estando fixos na discussão $\mathbf{p}$, t e $\mathbf{x}$, usaremos: $\boldsymbol{b_m} := \mathbf{b_m}(\mathbf{p},t) = \mathbf{b}(\mathbf{x},t)$, $\boldsymbol{b_0} := \mathbf{b_0}(\mathbf{p},t)$. Definimos agora uma nova grandeza:

$$\boldsymbol{\eta} := \nu\boldsymbol{b_m},$$

que seria a força resultante, por ação à distância, sobre o paralepípedo $(\mathbf{x},\mathbf{f},\mathbf{g},\mathbf{h})$, se nele $\boldsymbol{b_m}$ fosse constante. Com $\nu = \mu\det\boldsymbol{F}$ e $\boldsymbol{b_0} = \boldsymbol{b_m}\det\boldsymbol{F}$, concluímos:

$$\boldsymbol{\eta} = \mu\boldsymbol{b_0}.$$

Assim: $\boldsymbol{b_m} = \boldsymbol{\eta}/\nu$ e $\boldsymbol{b_0} = \boldsymbol{\eta}/\mu$. Portanto, $\boldsymbol{b_m}$ é igual à força $\boldsymbol{\eta}$ dividida pelo volume do paralepípedo $(\mathbf{x},\mathbf{f},\mathbf{g},\mathbf{h})$, enquanto $\boldsymbol{b_0}$ é igual à força $\boldsymbol{\eta}$ dividida pelo volume do paralepípedo $(\mathbf{p},\mathbf{b},\mathbf{c},\mathbf{d})$.

Apêndice C

Vetores aplicados (I)

Um *vetor aplicado* é um par ordenado $(\mathbf{q}, \mathbf{e})$, formado por um ponto $\mathbf{q} \in \mathbb{R}^3$ e um vetor $\mathbf{e} \in \mathbf{R^3}$; $\mathbf{q}$ é o ponto de aplicação, $\mathbf{e}$ é a parte vetorial de $(\mathbf{q}, \mathbf{e})$. Também se diz que $(\mathbf{q}, \mathbf{e})$ é um *vetor tangente* ao $\mathbb{R}^3$ em $\mathbf{q}$, com parte vetorial $\mathbf{e}$. A fim de faciltar a leitura, usa-se a notação: $\mathbf{e_q} := (\mathbf{q}, \mathbf{e})$.

Ao conjunto de todos os vetores aplicados ao ponto $\mathbf{q}$, indicado por $\mathbf{R^3_q}$, chamamos *espaço tangente* ao $\mathbb{R}^3$ em $\mathbf{q}$. Com as seguintes operações, $\mathbf{R^3_q}$ se torna um espaço vetorial:

$$\mathbf{e_q} + \mathbf{f_q} := (\mathbf{e} + \mathbf{f})_\mathbf{q},$$

$$a\mathbf{e_q} := (a\mathbf{e})_\mathbf{q},$$

$a \in \mathbb{R}$, $\mathbf{e}$ e $\mathbf{f} \in \mathbf{R^3}$. O produto interno usual de $\mathbf{R^3_q}$ é

$$< \mathbf{e_q}, \mathbf{f_q} >_\mathbf{q} := \mathbf{e} \cdot \mathbf{f}.$$

Veremos, neste e no próximo capítulo, de que forma vetores aplicados e transformações lineares entre espaços tangentes podem contribuir na compreensão geométrica de alguns temas.

No desenho do capítulo 3, os vetores $\mathbf{d}$ e $\mathbf{h}$ estão representados com origem nos pontos $\mathbf{p}$ e $\mathbf{x}$, respectivamente, mas, na equação que os relaciona: $\mathbf{h} = \boldsymbol{F}\mathbf{d}$, os pontos não são levados em conta. Se quisermos incluir os pontos de aplicação na teoria, devemos trabalhar com os vetores aplicados $\mathbf{d_p}$ e $\mathbf{h_x}$.

Sabemos que $\mathbf{x} = \varphi(\mathbf{p})$, $\boldsymbol{F} = D\varphi(\mathbf{p})$ e $\mathbf{h} = \boldsymbol{F}\mathbf{d}$. Com auxílio da matriz $\boldsymbol{F}$, construímos a transformação linear que leva $\mathbf{d_p}$ a $\mathbf{h_x}$ (e, em geral, transforma vetores de $\mathbf{R^3_p}$ em vetores de $\mathbf{R^3_x}$):

$$\mathrm{F} : \mathbf{R^3_p} \to \mathbf{R^3_x},\ \mathrm{F}(\mathbf{e_p}) := (\boldsymbol{F}\mathbf{e})_\mathbf{x}.$$

De fato, $\mathrm{F}(\mathbf{d_p}) = (\boldsymbol{F}\mathbf{d})_\mathbf{x} = \mathbf{h_x}$.

A transposta de F:

$$\mathrm{F}^{\mathrm{T}} : \mathbf{R}^3_{\mathbf{x}} \to \mathbf{R}^3_{\mathbf{p}},\ \mathrm{F}^{\mathrm{T}}(\mathbf{e}_{\mathbf{x}}) := (\boldsymbol{F}^{\boldsymbol{T}}\mathbf{e})_{\mathbf{p}}.$$

opera em sentido contrário, isto é, transforma vetores de $\mathbf{R}^3_{\mathbf{x}}$ em vetores de $\mathbf{R}^3_{\mathbf{p}}$. F e F^{T} se relacionam por

$$< \mathrm{F}(\mathbf{u}_{\mathbf{p}}), \mathbf{v}_{\mathbf{x}} >_{\mathbf{x}} = < \mathbf{u}_{\mathbf{p}}, \mathrm{F}^{\mathrm{T}}(\mathbf{v}_{\mathbf{x}}) >_{\mathbf{p}},$$

uma vez que $< \mathrm{F}(\mathbf{u}_{\mathbf{p}}), \mathbf{v}_{\mathbf{x}} >_{\mathbf{x}} = \boldsymbol{F}\mathbf{u} \cdot \mathbf{v}$, $< \mathbf{u}_{\mathbf{p}}, \mathrm{F}^{\mathrm{T}}(\mathbf{v}_{\mathbf{x}}) >_{\mathbf{p}} = \mathbf{u} \cdot \boldsymbol{F}^{\boldsymbol{T}}\mathbf{v}$ e $\boldsymbol{F}\mathbf{u} \cdot \mathbf{v} = \mathbf{u} \cdot \boldsymbol{F}^{\boldsymbol{T}}\mathbf{v}$.

Mediante composições de F e F^{T}, obtemos dois operadores lineares, um de $\mathbf{R}^3_{\mathbf{x}}$ outro de $\mathbf{R}^3_{\mathbf{p}}$:

$$\mathrm{B} : \mathbf{R}^3_{\mathbf{x}} \to \mathbf{R}^3_{\mathbf{x}},\ \mathrm{B} := \mathrm{F} \circ \mathrm{F}^{\mathrm{T}};$$

$$\mathrm{C} : \mathbf{R}^3_{\mathbf{p}} \to \mathbf{R}^3_{\mathbf{p}}\ ,\ \mathrm{C} := \mathrm{F}^{\mathrm{T}} \circ \mathrm{F}.$$

A relação destes operadores com as matrizes $\boldsymbol{B}$ e $\boldsymbol{C}$ (capítulo 6) é clara:

$$\mathrm{B}(\mathbf{e}_{\mathbf{x}}) = \mathrm{F} \circ \mathrm{F}^{\mathrm{T}}(\mathbf{e}_{\mathbf{x}}) = \mathrm{F}(\mathrm{F}^{\mathrm{T}}(\mathbf{e}_{\mathbf{x}})) = \mathrm{F}((\boldsymbol{F}^{\boldsymbol{T}}\mathbf{e})_{\mathbf{p}}) = (\boldsymbol{F}\boldsymbol{F}^{\boldsymbol{T}}\mathbf{e})_{\mathbf{x}} = (\boldsymbol{B}\mathbf{e})_{\mathbf{x}};$$

$$\mathrm{C}(\mathbf{e}_{\mathbf{p}}) = \mathrm{F}^{\mathrm{T}} \circ \mathrm{F}(\mathbf{e}_{\mathbf{p}}) = \mathrm{F}^{\mathrm{T}}(\mathrm{F}(\mathbf{e}_{\mathbf{p}})) = \mathrm{F}^{\mathrm{T}}((\boldsymbol{F}\mathbf{e})_{\mathbf{x}}) = (\boldsymbol{F}^{\boldsymbol{T}}\boldsymbol{F}\mathbf{e})_{\mathbf{p}} = (\boldsymbol{C}\mathbf{e})_{\mathbf{p}}.$$

Apêndice D

Vetores aplicados (II)

Continuando o apêndice anterior, estudaremos, primeiramente, as transformações lineares entre os espaços tangentes $\mathbf{R}^3_\mathbf{p}$ e $\mathbf{R}^3_\mathbf{x}$ que se relacionam com a *decomposição polar*.

Do estudo feito nos capítulos 10, 11 e 12, sabemos que $\boldsymbol{F} = \boldsymbol{RU} = \boldsymbol{VR}$. Com as matrizes $\boldsymbol{R}$, $\boldsymbol{U}$ e $\boldsymbol{V}$, definimos três transformações lineares:

$$\mathrm{R} : \mathbf{R}^3_\mathbf{p} \to \mathbf{R}^3_\mathbf{x},\ \mathrm{R}(\mathbf{e_p}) := (\boldsymbol{R}\mathbf{e})_\mathbf{x};$$

$$\mathrm{U} : \mathbf{R}^3_\mathbf{p} \to \mathbf{R}^3_\mathbf{p},\ \mathrm{U}(\mathbf{e_p}) := (\boldsymbol{U}\mathbf{e})_\mathbf{p};$$

$$\mathrm{V} : \mathbf{R}^3_\mathbf{x} \to \mathbf{R}^3_\mathbf{x},\ \mathrm{V}(\mathbf{e_x}) := (\boldsymbol{V}\mathbf{e})_\mathbf{x}.$$

A primeira delas, R, muda o ponto de aplicação e gira a parte vetorial, sem alterar o seu módulo. Já U e V alteram, em geral, a direção e o módulo da parte vetorial, mantendo, porém, o ponto de aplicação (são operadores lineares, o primeiro de $\mathbf{R}^3_\mathbf{p}$, o segundo de $\mathbf{R}^3_\mathbf{x}$).

É interessante acompanhar, passo a passo, o efeito das composições $\mathrm{R} \circ \mathrm{U}$ e $\mathrm{V} \circ \mathrm{R}$:

$$\mathrm{R} \circ \mathrm{U}\,(\mathbf{e_p}) = \mathrm{R}(\mathrm{U}(\mathbf{e_p})) = \mathrm{R}((\boldsymbol{U}\mathbf{e})_\mathbf{p}) = (\boldsymbol{RU}\mathbf{e})_\mathbf{x} = (\boldsymbol{F}\mathbf{e})_\mathbf{x} = \mathrm{F}(\mathbf{e_p}),$$

$$\mathrm{V} \circ \mathrm{R}\,(\mathbf{e_p}) = \mathrm{V}(\mathrm{R}(\mathbf{e_p}) = \mathrm{V}((\boldsymbol{R}\mathbf{e})_\mathbf{x}) = (\boldsymbol{VR}\mathbf{e})_\mathbf{x} = (\boldsymbol{F}\mathbf{e})_\mathbf{x} = \mathrm{F}(\mathbf{e_p}).$$

Conclusão:

$$\mathrm{F} = \mathrm{R} \circ \mathrm{U} = \mathrm{V} \circ \mathrm{R}.$$

De acordo com a primeira linha, $\mathbf{e_p}$ se transforma primeiro em $(\boldsymbol{U}\mathbf{e})_\mathbf{p}$ e, finalmente, em $(\boldsymbol{RU}\mathbf{e})_\mathbf{x}$; de acordo com a segunda linha, $\mathbf{e_p}$ se transforma primeiro em $(\boldsymbol{R}\mathbf{e})_\mathbf{x}$ e, finalmente, em $(\boldsymbol{VR}\mathbf{e})_\mathbf{x}$. Nos dois casos o resultado é $\mathrm{F}(\mathbf{e_p})$.

E, uma vez que $\boldsymbol{B} = \boldsymbol{V}^2$ e $\boldsymbol{C} = \boldsymbol{U}^2$, decorre

$$\mathrm{B}(\mathbf{e_x}) = (\boldsymbol{B}\mathbf{e})_\mathbf{x} = (\boldsymbol{V}\boldsymbol{V}\mathbf{e})_\mathbf{x} = \mathrm{V}((\boldsymbol{V}\mathbf{e})_\mathbf{x}) = \mathrm{V} \circ \mathrm{V}\,(\mathbf{e_x}),$$

$$\mathrm{C}(\mathbf{e_p}) = (\boldsymbol{C}\mathbf{e})_\mathbf{p} = (\boldsymbol{U}\boldsymbol{U}\mathbf{e})_\mathbf{p} = \mathrm{U}((\boldsymbol{U}\mathbf{e})_\mathbf{p}) = \mathrm{U} \circ \mathrm{U}\,(\mathbf{e_p}).$$

Logo:

$$\mathrm{B} = \mathrm{V} \circ \mathrm{V},$$

$$\mathrm{C} = \mathrm{U} \circ \mathrm{U}.$$

No estudo das tensões, no cálculo de momentos, por exemplo, o ponto de aplicação é essencial. Se quisermos realçar a sua importância, podemos usar o conceito de vetor aplicado.

Na nomenclatura do capítulo 17,

$$\boldsymbol{s} = \boldsymbol{T}\mathbf{n}.$$

A esta equação corresponderá uma equação homóloga, que relaciona $\boldsymbol{s}_\mathbf{x}$ e $\mathbf{n_x}$, o vetor tensão e o versor normal exterior, ambos aplicados ao ponto $\mathbf{x}$. Para estabelecê-la, definimos o operador linear:

$$\mathrm{T} : \mathbf{R}^3_\mathbf{x} \to \mathbf{R}^3_\mathbf{x},\ \mathrm{T}(\mathbf{e_x}) := (\boldsymbol{T}\mathbf{e})_\mathbf{x}$$

(mantém o ponto de aplicação). De fato: $\mathrm{T}(\mathbf{n_x}) = (\boldsymbol{T}\mathbf{n})_\mathbf{x} = \boldsymbol{s}_\mathbf{x}$.

Vimos, também no capítulo 17, que

$$\boldsymbol{\zeta} = \boldsymbol{T}\boldsymbol{\beta} = \boldsymbol{S}\boldsymbol{\alpha}.$$

Vejamos, a seguir, uma versão destas equações em termos de vetores aplicados.

Trabalharemos com a força aplicada $\boldsymbol{\zeta}_\mathbf{x}$ e com as áreas vetoriais aplicadas, $\boldsymbol{\alpha}_\mathbf{p}$ e $\boldsymbol{\beta}_\mathbf{x}$ (ver a figura no capítulo 5). Veremos como obter $\boldsymbol{\zeta}_\mathbf{x}$ de $\boldsymbol{\beta}_\mathbf{x}$ e, depois, de $\boldsymbol{\alpha}_\mathbf{p}$.

Pela definição de T: $\mathrm{T}(\boldsymbol{\beta}_\mathbf{x}) = (\boldsymbol{T}\boldsymbol{\beta})_\mathbf{x}$. Logo, sendo $\boldsymbol{\zeta} = \boldsymbol{T}\boldsymbol{\beta}$, resulta

$$\boldsymbol{\zeta}_\mathbf{x} = \mathrm{T}(\boldsymbol{\beta}_\mathbf{x}).$$

Agora introduzimos a transformação linear:

$$\mathrm{S} : \mathbf{R}^3_\mathbf{p} \to \mathbf{R}^3_\mathbf{x},\ \mathrm{S}(\mathbf{e_p}) := (\boldsymbol{S}\mathbf{e})_\mathbf{x}$$

(muda o ponto de aplicação).

Como $\boldsymbol{\zeta} = \boldsymbol{S}\boldsymbol{\alpha}$, então $\boldsymbol{\zeta}_\mathbf{x} = (\boldsymbol{S}\boldsymbol{\alpha})_\mathbf{x}$. Pela definição de S, concluímos:

$$\boldsymbol{\zeta}_\mathbf{x} = \mathrm{S}(\boldsymbol{\alpha}_\mathbf{p}).$$

Bibliografia

[1] Chadwick, P. (1999). Continuum Mechanics: Concise Theory and Problems. Dover.

[2] Ciarlet, P.G. (1994). Mathematical Elasticity. Vol. 1 : Three Dimensional Elasticity. North Holland.

[3] Gurtin, M.E. (1981). An Introduction to Continuum Mechanics. Academic Press.

[4] Munkres, J. R. (1991). Analysis on Manifolds. Addison-Wesley.

[5] Nader, J.J. (2015). Breve Curso de Modelos Elastoplásticos. Edição do Autor.

[6] Nader, J.J. (2020). Estudo Conciso de Mecânica do Contínuo. Edição do Autor.

[7] O'Neill, B. (2006). Elementary Differential Geometry. Academic Press.

[8] Simo, J.C.; Hughes, T.J.R. (2000). Computational Inelasticity. Springer.

[9] Spivak, M. (1965). Calculus on Manifolds. Addison-Wesley.

[10] Truesdell, C.A.; Toupin, R.A. (1960). The Classical Field Theories, in: Handbuch der Physik III/1. Springer-Verlag.

[11] Truesdell, C.A.; Noll, W. (1965). The Non-Linear Field Theories of Mechanics, in: Handbuch der Physik III/3. Springer-Verlag.

www.ingramcontent.com/pod-product-compliance
Ingram Content Group UK Ltd.
Pitfield, Milton Keynes, MK11 3LW, UK
UKHW061818190726
13853UKWH00007B/2210

9 786500 998542